Nas E. Boutammina

Les Jinn bâtisseurs de pyramides…?

Dans les mêmes Editions

- NAS E. BOUTAMMINA, « Le Jinn, créature de l'Invisible », Edit. BoD, Paris [France], janvier 2011.
- NAS E. BOUTAMMINA, « Français musulman - Perspectives d'avenir ? », Edit. BoD, Paris [France], mai 2011.
- NAS E. BOUTAMMINA, « Judéo-Christianisme - Le mythe des mythes ? », Edit. BoD, Paris [France], juin 2011.
- NAS E. BOUTAMMINA, « Les contes des mille et un mythes - Volume I », Edit. BoD, Paris [France], juillet 2011.
- NAS E. BOUTAMMINA, « Y-a-t-il eu un temple de Salomon à Jérusalem ? », Edit. BoD, Paris [France], aout 2011.
- NAS E. BOUTAMMINA, « Les contes des mille et un mythes - Volume II », Edit. BoD, Paris [France], novembre 2011.
- NAS E. BOUTAMMINA, « Les ennemis de l'Islam - Le règne des Antésulmans - Avènement de l'Ignorance, de l'Obscurantisme et de l'Immobilisme », Edit. BoD, Paris [France], février 2012.
- NAS E. BOUTAMMINA, « Le secret des cellules immunitaires - Théorie bouleversant l'Immunologie [The secrecy of immune cells - Theory upsetting Immunology] », Edit. BoD, Paris [France], mars 2012.
- NAS E. BOUTAMMINA, « Le Livre bleu - I - Du discours social », Edit. BoD, Paris [France], juillet 2014.
- NAS E. BOUTAMMINA, « Le Rétablisme », Edit. BoD, Paris [France], mars 2015. 2e édition.
- NAS E. BOUTAMMINA, « Comprendre la Renaissance - Falsification et fabrication de l'Histoire de l'Occident », Edit. BoD, Paris [France], avril 2015. 2e édition.
- NAS E. BOUTAMMINA, « Connaissez-vous l'Islam ? », Edit. BoD, Paris [France], avril 2015. 2e édition.
- NAS E. BOUTAMMINA, « Le Malāk, entité de l'Invisible », Edit. BoD, Paris [France], mai 2015.
- NAS E. BOUTAMMINA, « Jésus fils de Marie ou Hiyça ibn Māryām ? », Edit. BoD, Paris [France], juin 2015. 2e édition.
- NAS E. BOUTAMMINA, « Index Historum Prohibitorum », Edit. BoD, Paris [France], juin 2015.

- Nas E. Boutammina, « Moïse ou Moūwça ? », Edit. BoD, Paris [France], juin 2015. 2e édition.
- Nas E. Boutammina, « Mahomet ou Moūhammad ? », Edit. BoD, Paris [France], juin 2015. 2e édition.
- Nas E. Boutammina, « Abraham ou Ibrāhiym ? », Edit. BoD, Paris [France], juin 2015. 2e édition.
- Nas E. Boutammina, « Musulmophobie - Origines ontologique et psychologique », Edit. BoD, Paris [France], juillet 2015. 2e édition.

Collection Anthropologie de l'Islam

- Nas E. Boutammina, « Apparition de l'Homme - Modélisation islamique - Volume I », Edit. BoD, Paris [France], juillet 2015. 2e édition.
- Nas E. Boutammina, « L'Homme, qui est-il et d'où vient-il ? - Volume II », Edit. BoD, Paris [France], juillet 2015. 2e édition.
- Nas E. Boutammina, « Classification islamique de la Préhistoire - Volume III », Edit. BoD, Paris [France], juillet 2015. 2e édition.
- Nas E. Boutammina, « Expansion de l'Homme sur la Terre depuis son origine par mouvement ondulatoire - Volume IV », Edit. BoD, Paris [France], juillet 2015. 2e 2dition.

Collection Œuvres universelles de l'Islam

- Nas E. Boutammina, « Les Fondateurs de la Médecine », Edit. BoD, Paris [France], septembre 2011.
- Nas E. Boutammina, « Les Fondateurs de la Chimie », Edit. BoD, Paris [France], octobre 2013.
- Nas E. Boutammina, « Les Fondateurs de la Pharmacologie », Edit. BoD, Paris [France], novembre 2014.

Introduction

L'Egypte n'existe pas sans le Nil. Celui-ci traverse un désert aussi sec que le Sahara et transforme la vallée en une immense oasis. Il est l'unique apport d'eau, car les précipitations sont rares en Moyenne et Haute Egypte.

La préhistoire et l'histoire de l'ancienne civilisation égyptienne se révèlent progressivement, mais les périodes les plus reculées demeurent inconnues. L'information reste lacunaire. Elle est essentiellement fondée sur les inscriptions en hiéroglyphes gravées sur les monuments. Les papyrus et rouleaux de cuir sur lesquels écrivent les Egyptiens de l'Antiquité sont en grande partie perdus.

L'Egypte organise essentiellement une culture religieuse où se compose par fusion et addition des croyances tribales. Ainsi, il faut arranger les cosmologies et les rituels, les agencer et produire une mythologie où chaque territoire peut prétendre à la primauté de son propre dieu. Cette unification religieuse est l'œuvre du *pharaon* qui personnifie le dieu dans ses manifestations temporelles. La datation reste non seulement un sujet obscur mais aussi très épineux surtout en ce qui concerne les plus hautes époques. Les Egyptiens ignorent les dates absolues. Ils remettent leur calendrier à zéro au début de chaque règne et chaque évènement est alors daté selon ce début de souveraineté [par exemple, en l'an IV du règne de *Khephren* ou *Kephren*].

D'après les historiens, l'apparition de l'architecture de pierre est un phénomène inattendu. Il constitue une révolution certaine de la technologie égyptienne sous le règne du premier pharaon de la IIIe dynastie, *Djeser* [ou *Djezer* ou *Djoser*], vers 2800 av. J.C. et de son ministre et conseiller que les égyptologues nomment *Imhotep*. Selon eux, ce dernier sera déifié par la suite car on lui octroie une participation dans les domaines architecturaux, médicinaux et scripturaux. Il sera adoré comme patron des guérisseurs et des scribes.

Les pyramides sont des constructions baptisées d'après leur forme et bâties particulièrement en Egypte antique. La pyramide égyptienne, d'après les thèses des égyptologues, est la *demeure d'éternité* du pharaon et recouvre ou renferme son caveau et diverses salles souvent ornées. Les plus célèbres pyramides d'Egypte se situent en bordure du désert sur les hauteurs d'un plateau, celui de Guizèh, à une dizaine de kilomètres au Sud-Ouest du Caire.

Innombrables sont les égyptologues et autres scientifiques qui ont étudié ce lieu rempli de secrets et d'énigmes. En effet, ce plateau reste bien un mystère en ce qui concerne les formes, les proportions, les emplacements relatifs des monuments, etc. Tous les écrits et les narrations des observateurs expriment un effroi en présence des trois grandes pyramides, de leur masse singulièrement *inhumaine*, de leur proportion qui dépasse la perception.

Toutes les théories s'affrontent, mais ce qui est certain, c'est que les chiffres et la morphologie indiquent une réalité. L'équilibre règne sur ces monuments. Une harmonie généralement dissimulée pour le simple observateur [l'absence de l'alignement des trois pyramides sur une diagonale ou la disposition du Sphinx]. D'après une théorie, des chaussées servent à monter les blocs de pierre sur des traîneaux de bois le long des flancs de la pyramide. Selon une autre hypothèse, une grue de bois équipée d'un contrepoids à une extrémité sert à hisser les blocs d'un niveau à l'autre. Pour l'instant, aucune spéculation n'est satisfaisante.

La grande pyramide de *Kheops*, la plus grande des trois à Guizèh, contient 2,5 millions de blocs de pierre massive d'un poids moyen de 2,5 tonnes. La structure tout entière est revêtue d'un remarquable calcaire blanc poli arraché probablement aux collines de Toura, sur la rive opposée du Nil. Des pyramides copiant le prototype égyptien existent à travers le monde. Ainsi, les ruines de la pyramide de Teotihuacan, d'El Castillo, au Mexique, sont toujours présentes. On prétend que c'est Imhotep qui a découvert la technique de la pierre taillée et qui a imaginé les procédés pour la construction des monuments. Djeser le choisit comme vizir, philosophe d'Etat, architecte de son tombeau, guérisseur et magicien. Cependant, le plus étrange est qu'il n'existe aucun document biographique sur ce personnage aux fonctions illustres et multiples.

Les adeptes des croyances, des doctrines et des philosophies agnostiques, mystiques ou à tendance ésotérique accomplissent le pèlerinage au plateau de Guizèh, le lieu saint, en signe de dévotion. Pour les doctrines occultes mystiques ou kabbalistiques, la vénération des pyramides en tant que lieu *immanent* des forces cachées reste une pratique largement répandue depuis des siècles parmi les *mystiques*. Le Judéo-christianisme a continuellement inventé des bestiaires anthropomorphiques terrifiants, une démonologie héritée des sociétés antiques [babylonienne, perse, égyptienne, grecque, etc.]. Ainsi, les ennemis de l'humanité aux pouvoirs divins et antagonistes de Dieu définissent le *Démiurge inférieur*, *Lucifer*, *Satan*, *Belzébuth*, le *Démon*, le *Diable*, le *Malin*, etc.

Pour la construction, par exemples, des pyramides du plateau de Guizèh, de la salle hypostyle de Karnak [avec ses gigantesques piliers et ses statues colossales] et des nombreux temples et palais de tout le pays, les hypothétiques « *architectes* » et les « *ingénieurs* » humains sont dans l'inaptitude, en l'état de leurs connaissances scientifiques - inexistantes -, de dresser un quelconque plan et programme.

Les connaissances que nous appelons mathématiques étaient inconnues à l'époque des pyramides, alors *ceux* qui ont construit les pyramides disposaient d'autres ressources que nous nommons *scientifiques* ou *technologiques*.

Les pyramides du plateau de Guizèh jaillissent d'un coup, au stade final de leur apparition sans qu'aucune ébauche, ni aucune esquisse ne révèle l'établissement de ces projets colossaux. Aucun renseignement, aucune représentation, ni aucun texte égyptien ne fait allusion à une quelconque édification de pyramide, à ses motivations, à sa durée et à ses modalités.

I - L'Egypte antique

A - Géographie de l'Egypte

L'Egypte est située à la charnière de l'Afrique et de l'Asie. Ce pays est ouvert sur la mer Méditerranée au Nord et sur la mer Rouge à l'Est. Bordée à l'Ouest par la Libye et au sud par le Soudan, l'Egypte s'étend à l'extrémité orientale de l'Afrique du Nord et se prolonge sur le continent asiatique par le Sinaï. L'Egypte couvre une superficie d'environs un million de km^2.

1 - Relief et hydrographie

Moins de 10% du territoire de l'Egypte sont habités et cultivés. Il s'agit de la vallée et du delta du Nil, auxquels s'ajoutent les oasis occidentales. Le reste du pays est constitué de zones désertiques. A l'Ouest s'étend sur les deux tiers du pays, le désert de Libye, prolongeant le Sahara. Formé de plateaux de faible altitude et couvert de dunes de sable hautes de 300 à 400 mètres. Il serait totalement inhospitalier s'il n'est creusé de dépressions dont la plus profonde est Kattara, au Nord, se situant à 134 mètres au-dessous du niveau de la mer et couvre 18 000 km^2. Les sources qui affleurent au fond de ces dépressions et qu'alimente une nappe souterraine ont permis la naissance d'oasis [*Ouadi Natroum, Fayoum, Baharieh*, etc.].

Sur la rive orientale du Nil, le désert arabique est disposé sur un fragment de la plaque continentale africaine relevée en bordure de la mer Rouge et du golfe de Suez par le jeu de la tectonique des plaques. Il s'élève depuis la vallée du Nil jusqu'à une altitude de 610 mètres à l'Est et se hérisse, le long de la côte de la mer Rouge, de pics abrupts et déchiquetés culminant à 2 135 mètres d'altitude.

A l'extrême sud, le long de la frontière avec le Soudan, le désert de Nubie est une vaste région de dunes et de plaines de sable. Le Sinaï, encadré par les fossés tectoniques de Suez et d'Akaba et rattaché au désert Arabique par l'isthme de Suez ; il est constitué, dans sa partie septentrionale, d'une étendue sablonneuse qui se prolonge par un plateau central. La pointe de la péninsule est dominée par des montagnes rocailleuses dont le mont Sinaï qui culmine à plus de 2 000 mètres et Jabal Katharina à 2 642 mètres.

2 - *Climat*

A l'exception de la bordure littorale qui s'inscrit dans la zone climatique méditerranéenne, l'Egypte est soumise au climat tropical aride, caractérisé par une saison chaude de mai à septembre, et une saison fraîche, de novembre à mars. Dans la région côtière, les températures varient d'un maximum de 37,2° C à un minimum de 13,9° C. Le contraste thermique entre le jour et la nuit est particulièrement marqué dans les régions désertiques [maximum diurne de 45,6° C ; minimum nocturne de 5,6° C ; l'hiver, la température diurne peut tomber à 0° C].

La région la plus humide se trouve le long de la côte méditerranéenne où les précipitations annuelles moyennes atteignent 200 millimètres. Ce chiffre diminue rapidement vers le Sud puisque Le Caire ne reçoit que 28 millimètres par an tandis que, dans certaines parties désertiques, il peut ne pleuvoir que tous les cinq ou dix ans.

3 - Le Nil

Le Nil est le fleuve le plus long du monde. A partir du Lac Victoria, en Afrique équatoriale, il se répand vers le Nord. Il passe en Ouganda, au Soudan et en Egypte sur une distance de 5 584 km, pour se jeter enfin dans la Méditerranée. La longueur totale du Nil est de 6 671 km depuis sa source la plus lointaine, la rivière *Luvironza* au Burundi. A la frontière soudanaise, il prend l'appellation de *Bahr al-Djebel* et, à sa confluence avec le fleuve, *Bahr al-Ghazal*, le Nil devient le *Bahr el-Abiad* ou Nil Blanc. Plusieurs affluents se regroupent dans la région du *Bahr al-Ghazal*. A Khartoum, le *Nil Blanc* est rejoint par le *Nil Bleu* ou *Bahr al-Azrak*. Ils doivent leur nom à la couleur de leur eau.

Le Nil traverse le désert de Nubie, dans le Sahara et produit deux larges boucles. Au-delà d'Assouan, le Nil coule dans une vallée étroite et fertile, très peuplée, site de nombreux monuments, particulièrement à Louksor et à Thèbes. Le Nil atteint Le Caire, puis, se jette dans la mer Méditerranée. Ses inondations annuelles rendent les plaines voisines très généreuses.

a - L'entretien du mystère

La société de l'Egypte antique a toujours captivé l'imagination aussi bien des spécialistes que le commun des mortels. Son architecture monumentale [les temples gigantesques, les pyramides, le Sphinx, etc.] est enveloppée d'énigmes. Défiant le temps, les pyramides d'Egypte sont les plus célèbres de tous les monuments de l'Antiquité.

La longue plaine étroite inondée par le Nil attire les plantes, les animaux et les humains. Le dépôt sur la terre de la crue annuelle du fleuve est un limon riche en éléments nutritifs, produisant des conditions idéales pour la culture des céréales, du lin et autres végétaux. Le soleil est une divinité importante comme pour d'autres peuples. Le passage de l'astre dans le ciel symbolise le cycle éternel de la naissance, de la mort et de la renaissance. Dès lors, les *pharaons* se sont considérés comme des dieux, des plénipotentiaires divins sur la terre qui, à la faveur de certains rites, assurent la continuation de la vie. A leur mort, ils parvenaient à l'immortalité en rejoignant les dieux dans l'au-delà.

Les Egyptiens croient à l'importance du corps et de *l'âme* dans la vie aussi bien que dans la mort. Ainsi, leurs coutumes funéraires, tels que la momification et l'inhumation dans des tombes, aident le défunt à repérer son chemin dans l'au-delà. En conséquence, les tombes sont garnies d'aliments, d'outils, d'articles ménagers, de bijoux [tout ce qui est nécessaire à la vie] afin d'assurer le retour de l'âme dans le corps pour que le défunt vive éternellement heureux.

Les Égyptologues et les historiens considèrent les célèbres *pyramides* comme des « *tombeaux* » imposants. Travaux incroyablement ambitieux, elles restent les plus grandioses structures jamais construites.

Selon les spécialistes, leur édification est pilotée par des « *architectes* » et des « *ingénieurs* » d'une grande compétence. Des ouvriers rétribués transportent *les massifs blocs de roche sans l'aide de roues, de chevaux ou d'outils métalliques*. Toujours d'après les thèses des spécialistes, les conscrits sont vraisemblablement motivés par l'exaltation d'une foi profonde en la divinité de leurs gouvernants et une conviction en l'immortalité. De la sorte, il est probable que leur participation améliore le sort de leur destinée lors du jugement dans l'au-delà.

La religion pharaonique montre que les Egyptiens sont préoccupés par la mort et par l'immortalité.

b - La Vie près du Nil

Sans le Nil, l'Egypte n'existe pas. Le Nil égyptien traverse un désert aussi sec que le Sahara et transforme la vallée en une immense oasis. Il est l'unique apport d'eau, car les précipitations sont rares en Moyenne et Haute Egypte. Cet assèchement progressif des régions environnantes les transformant en désert, va conduire au bord du fleuve des populations en provenance des quatre horizons. Très longtemps cette population divisée en tribus, vit sur la frange de la vallée, grâce au limon étalé par les crues saisonnières.

Pour exploiter cette terre, il faut la contrôler. L'aménagement de canaux pour l'excédent d'eau, pour l'irrigation de parcelles isolées du fleuve ; ainsi que la réalisation de levée de terre et de battues afin de conserver hors de l'eau hameaux et villages nécessitent une œuvre collective. Ainsi, une société hiérarchisée placée sous l'autorité d'un pouvoir central est essentielle. L'unification de la vallée sous un seul souverain, le *Pharaon*, marque la naissance de l'Egypte.

La crue gère tout dans la vallée du Nil. De la hauteur de la montée des eaux dépend l'importance des récoltes. Vers la mi-juin, le Nil grossit en atteignant son maximum en août-septembre. De la variation d'eau dépend la culture. L'eau qui n'arrose pas les terres retirées provoque une moisson médiocre et la famine menace le peuple. Au contraire, trop importante, elle immerge tout ; si la brutalité du courant retire les digues, l'œuvre d'aménagement du sol est à refaire.

Le Nil reste également la principale voie de communication entre la Haute et la Basse Egypte. Les produits de consommation comme les matériaux pondéreux, sont transportés sur des embarcations et le déplacement se fait sur les canaux. La vie journalière se déroule ainsi en symbiose avec le fleuve dont les flots sont sans cesse parcourus par des flottilles de toutes sortes. Dans ce cadre favorable éclot une société agraire puissante et où va se développer une des plus grandes sociétés de l'humanité.

CHRONOLOGIE EVENEMENTIELLE DE L'EGYPTE ANTIQUE SELON LES SPECIALISTES

Chronologie	HISTOIRE	ART
3500-3200 av. J.C.	Culture de *Nagada II* ou guerzéenne. Le sud et le nord du pays sont divisés.	• Palettes à fard sculptées. • Couteau de Gebel el-Arak.
3300-3100 av. J.C.	Dynastie « 0 »	• Masse votive de l'Horus Scipion
3100-2925 av. J.C.	*Ire dynastie* Unification du pays par Ménès, roi de Haute-Egypte, couramment identifié au roi Narmer. Capitale fixée à This. Apparition des hiéroglyphes. Aménagement hydrographique de la vallée du Nil. Culte d'Horus.	• Palette du roi Narmer. • Tombes royales de Saqqarah, Abydos. • Fondation de la ville forteresse du *Mur Blanc* (ultérieurement Memphis).
2925-2700 av. J.C.	*IIe dynastie* Règnes de Hotepsekhemoui, Ninetjer et Péribsen.	• Vases en pierre dure. • Statues de Khasekhemoui.
ANCIEN EMPIRE [2755-2255 AV. J.C.]		
2755-2680 av. J.C.	*IIe dynastie* Règne de Djoser. Prépondérance du culte solaire. La capitale à This s'établit à Memphis.	• La pierre remplace la brique crue • L'architecte et vizir Imhotep construit dans la nécropole de Saqqarah un ensemble architectural comprenant la première pyramide à degrés connue.
2680-2640 av. J.C.	*IVe dynastie* Règne de Snéfrou. Expéditions en Libye, en Nubie et au Sinaï. Règne de Khéops.	• Pyramide à pans lisses de Meïdoum. • Pyramide rhomboïdale et pyramide *parfaite* de Dahshour. • Grande pyramide de Guizèh • Les Oies de Meïdoum, frise peinte dans le mastaba d'Itet.
2638-2613 av. J.C.	Règne de Djedefrê. Règne de Khéphren. Le pharaon est désormais considéré comme le « *Fils de Rê* ».	• Deuxième pyramide et Sphinx de Guizèh. • Statue en diorite de Khéphren protégé par le faucon Horus. • Troisième pyramide de Guizèh.

2613-2578 av. J.C.	Règne de Mykérinos.	• Stèle de Néfertiabet [Guizèh, tombe de la princesse].
2578-2553 av. J.C.		
2553-2420 av. J.C.	*V^e dynastie* Règnes d'Ouserkaf, Sahourê, Neferirkarê, Shepseskarê, Néouserrê et Ounas. Prépondérance de l'influence du culte de Rê et du clergé d'Héliopolis. Apparition du culte d'Osiris.	• Pyramides d'Abousir et de Saqqarah • Apparition des Textes des Pyramides dans le caveau du pharaon [bas-reliefs funéraires peints, pyramide d'Ounas, Saqqarah]. • Mastabas de grands dignitaires du roi à Saqqarah et Guizèh. • Temples solaires d'Ouserkaf et de Néouserrê à Abou Gourab. • Développement du bas-relief [tombeau de Ti à Saqqarah]. • Statues de scribes accroupis
2420-2255 av. J.C.	*VIe dynastie* Règnes de Téti, Pépi Ier, Mérenrê (Ouni tente de rétablir l'autorité royale auprès des princes féodaux) et Pépi II (durant plus de quatre-vingt-dix ans). Affaiblissement du pouvoir royal. Affirmation de l'autonomie des monarques, devenus princes héréditaires. Expéditions en Nubie. Chute de l'Ancien Empire.	• Construction de nombreuses pyramides à Saqqarah. • Statue en cuivre, grandeur nature, de Pépi Ier et de son fils Mérenrê [Hiéra-conpolis]. • Tête de faucon [Hiéraconpolis]. Statues en albâtre de Pépi Ier et de Pépi II. • Mastaba du vizir Mererouka à Saq-qarah. • Complexe pyramidal de Pépi II [Saqqarah].
2255-2160 av. J.C.	*Première période intermédiaire* *VIIe - VIIIe dynasties* Successions de nombreux rois au règne éphémère.	
2160-2050 av. J.C.	IXe-X^e dynasties héracléopolitaines. Règnes de Khéti Ier, II et III. Reconquête du delta occupé par les Asiatiques.	Disparition des canons de l'art égyptien.

B - Histoire de l'Egypte selon les spécialistes

La préhistoire et l'histoire de l'ancienne civilisation égyptienne[1] se révèlent progressivement, mais les périodes les plus reculées demeurent mal connues et le resteront probablement. L'information reste lacunaire. Elle est essentiellement fondée sur les inscriptions en hiéroglyphes gravées sur les monuments. Les papyrus et rouleaux de cuir sur lesquels écrivent les Egyptiens de l'Antiquité sont en grande partie perdus. Manethon, prêtre du IIIe siècle av. J.C. établit des documents dont des résumés ont été conservés. Ceux-ci mentionnent la liste des souverains égyptiens et des trente dynasties qui se sont succédées durant trois mille ans. Les spécialistes [Égyptologues, Historiens] s'accordent à diviser l'histoire de l'Egypte, en trois empires ; l'*Ancien*, le *Moyen* et le *Nouvel Empire*, avec des périodes intermédiaires qui sont suivies par la *basse Epoque* et la période qu'ils nomment *ptolémaïque* [?].

1 - L'Egypte des pharaons

Originaire du Sud-Est, le peuple développe dans la vallée creusée par le Nil, fleuve nourricier, la *société égyptienne* sur un territoire essentiellement hostile à l'homme. Cependant, pour qu'il soit source de prospérité, le Nil doit être maîtrisé en amont et en aval. L'Egypte ne peut être forte et unifiée qu'avec une stabilité politique placée sous l'autorité d'un souverain absolu. Que le pouvoir s'affaiblît et l'éclatement survient accompagné d'une cohorte de fléaux, invasions, misère. L'histoire de

---

[1] A. ERMAN, « Life in Ancient Egypt »
[2] J.H. BREASTED, « Development of Religion and Thought in Ancient Egypt »
[3] *Nome* : division administrative de l'ancienne Egypte

l'Egypte antique est ainsi marquée par une alternance de périodes théoriquement prospères et de périodes dites *intermédiaires*. Toutefois, règne la continuité. Au Ve millénaire, apparaît la première « *civilisation* » identifiable, la *société nilotique*, sur les sites de *Badari* et *el-Amrah*. Les populations chassées du Sud-Est par des difficultés climatiques se sont établies dans la vallée où une vie sociale s'organise dans les villages. Les cultures *badarienne* et *amratienne* correspondent au développement d'un héritage agricole [culture des céréales] et de rites funéraires.

Plus tard, un autre peuple sémitique, les *Guerzéens*, vient se mêler aux populations du Nil dans la région du Fayoum. La civilisation *guerzéenne* étend son influence depuis la Nubie jusqu'au Delta. Elle se caractérise par l'importation de méthodes dans l'art et certaines techniques tels par exemple, la céramique peinte au trait blanc sur fond lisse rosé, des outils et des armes.

Les cités qui se constituent dans la vallée se regroupent progressivement durant la seconde moitié du IVe millénaire, en deux royaumes, celui de *Bouto*, en Basse-Égypte, et celui de *Hiéraconpolis*, en Haute-Égypte. Namer, identifié à Menes originaire de Hiéraconpolis, réalise l'unification des deux régions pour incarner le « *double pays* », auquel il donne pour capitale This. Les recherches archéologiques portant sur les nécropoles d'Abydos et de Saqqarah permettent de penser que les deux dynasties *thinites* jettent les bases de la monarchie de *droit divin* et de l'administration centrale. Les terres sont mises en valeur grâce à l'irrigation.

2 - L'Ancien Empire [*IIIe-VIe dynastie*]

Toujours selon les spécialistes, vers 2750, la capitale est transférée à Memphis, ville nouvelle située à la jonction entre la Haute et la Basse-Égypte. L'Ancien Empire est marqué par l'apparition d'une architecture colossale. D'après les égyptologues, le roi Djoser a pour ministre un certain *Imhotep* qui édifie pour lui à Saqqarah un tombeau royal élevé vers le ciel par sept rangées de pierres formant autant de paliers.

D'après les égyptologues, ce tombeau monumental a pour fonction de préserver l'immortalité du roi, qui, après sa vie terrestre, continue de protéger son peuple. De même, les noms de *Kheops, Khephren* et *Mykérinos* [termes d'origine grecque] sont ainsi présentés par les égyptologues qui les relient aux grandes pyramides de Guizèh.

L'*Ancien Empire*[2] affirme le pouvoir du roi incarnation d'Horus et d'Osiris sur la terre, dont il est le maître absolu. Le Pharaon exerce son contrôle sur le pays grâce à une administration et un despotisme dont l'importance ne cesse de croître. A partir du règne de Snefrou, le souverain est secondé par un vizir pour la gestion des affaires du pays.

Celui-ci prospère durant l'Ancien Empire grâce à l'exploitation des mines du Sinaï et aux échanges commerciaux avec la Phénicie, d'où vient le bois du Liban employé dans les sarcophages. L'Egypte établie sa domination sur Chypre, la Crète ainsi que la Nubie qui

---

[2] J.H. BREASTED, « Development of Religion and Thought in Ancient Egypt »

fournit l'ivoire et l'ébène. La position prépondérante du dieu solaire Rê [ou Râ] se prescrit probablement vers la fin de la Ve dynastie, sous l'influence du clergé d'Héliopolis. Rê s'impose au Panthéon et les dieux dynastiques durent accepter l'aspect solaire. Le pharaon est désormais considéré comme le fils de Rê.

L'extension territoriale et l'essor économique favorisent la création d'une oligarchie de hauts fonctionnaires centraux et provinciaux dont la puissance devient une menace pour les souverains. Les *nomarques*, gouverneurs des *nomes*[3] [districts] affirment leur autonomie.

Les inscriptions gravées sur les murs des tombeaux royaux de la VIe dynastie attestent de l'affaiblissement du pouvoir pharaonique et de nombreuses conspirations[4]. La VIIe dynastie [2400 environ à 2160 av. J.C] marque le territoire qui se morcèle.

Des raids étrangers et la famine apparaissent tandis que se multiplient des mouvements de révolte coïncidant avec la diffusion du culte d'Osiris[5] qui semble témoigner d'une aspiration populaire à l'immortalité.

Sous les IXe et Xe dynasties, la monarchie ne contrôle plus que les deux tiers du pays. Un pouvoir rival s'établit en Haute-Égypte où va naître le Moyen Empire.

---

[3] *Nome* : division administrative de l'ancienne Egypte
[4] Le Pharaon PEPI Ier qui régna vers 2395-2360 av. J.C., conspiration dans laquelle était impliquée la propre femme du souverain.
[5] S. REINACH, « Orpheus. Histoire générale des religions, des Origines à nos jours »

3 - Le Moyen Empire [XIe-XIVe dynastie]

Mentouthotep I achève la reconquête du territoire sous la XIe dynastie. Sous son règne, s'affirme la primauté du dieu thébain *Amon*[6]. La volonté de renforcer l'unité nationale s'exprime durant la XIIe dynastie par le compromis religieux passé avec les clergés thébain et héliopolitain, par lequel Amon s'associe à Rê. Intercesseur entre Amon Rê et les hommes, le pharaon renforce son pouvoir en abaissant celui de la féodalité provinciale et en assurant de son vivant la succession au trône. Dans le même temps, l'immortalité n'est plus l'apanage du souverain. Tous les Egyptiens peuvent désormais y accéder dans les limites imposées par un rituel très strict.

Les règnes des Amménémès et des Sésostris marquent la naissance d'une classe intermédiaire entre le peuple et les hauts dignitaires, constituée par les *scribes* dont l'influence croît et par les artisans. La période est celle d'une évolution culturelle mythique [poèmes lyriques, traités magiques écrits sur papyrus, *architecture*, art et orfèvrerie].

L'unité égyptienne est ébranlée par l'afflux des populations sémites d'Asie intérieure. Ces Hyksos établis dans le Nord-Est du Delta profitent de l'affaiblissement du pouvoir des pharaons des XIIIe et XIVe dynasties pour conquérir toute la Basse-Égypte. Ils maîtrisent l'art de la guerre, apportent en Egypte chevaux et chars. Le Sud, cependant résiste aux conquérants dont Amosis Ier, vers 1570 av. J.-C. les soumet et réunifie le pays.

---

[6] J. CAPART, « Thèbes, la gloire d'un grand passé »

4 - *Le Nouvel Empire* [*XVIIIe-XXe dynastie*]

Le *Nouvel Empire*[7] qui dure cinq siècles, de 1580 à 1080 av. J.C. a pour capitale Thèbes. Ses souverains[8], les Aménophis et les Ramsès portent à leur apogée la grandeur et la puissance de l'Egypte. Les souverains du Nouvel Empire ont tiré les leçons de la période précédente. Ils dotent le pays d'une puissante armée. Pour parer à la menace que constituent les Etats du Proche-Orient, ils mènent une politique impérialiste [Touthmôsis III conquit la Syrie vers 1472, l'Ethiopie, la Nubie, etc.]. Les territoires placés sous protectorat paient leur tribut en contingents militaires, en esclaves et en céréales. Les Hittites refoulent les Egyptiens de Syrie en 1375 av. J.C.

Le clergé thébain prétend à un rôle toujours plus important au sein du système politico-religieux. Le grand prêtre d'Amon devient même le second personnage de l'Etat. Aménophis IV veut réformer la religion égyptienne. Pour cela, il tente d'abolir le culte d'Amon afin d'imposer la croyance en un dieu central : *Aton*, représentant le Soleil dans sa totalité. Il prend pour nom *Akhenaton*[9] [« *celui qui plaît à Aton* »] et déplace la capitale.

Le culte d'Aton est cependant abandonné vers la fin de son règne et son gendre Toutankhamon remet la capitale à Thèbes. L'Egypte[10] connaît une longue période de

---

[7] SMITH, « Ancient Egyptians »
[8] J. VANDIER, « Manuel d'Archéologie égyptienne »
[9] A. WEIGALL, « Le Pharaon Akh-en-aton et son époque »
[10] J. DE MORGAN, « Recherches sur les origines de l'Egypte »

prospérité, sous la conduite de Ramsès II qui exerce le pouvoir sept décennies. Selon les égyptologues, il érige les constructions[11] de Louksor et de Karnak ainsi que les temples creusés dans la falaise d'Abou Simbel.

Le déclin du Nouvel Empire débute après la mort de Ramsès III, le deuxième souverain de la XXe dynastie. L'Etat, ruiné et assailli par les Assyriens et les Libyens, est la proie de la domination du clergé d'Amon, dont Heritor, le grand prêtre prend le pouvoir en Haute-Égypte.

5 - La Basse Epoque

L'Egypte[12], scindée en deux entités est soumise durant toute la Basse Epoque aux invasions étrangères. Au nord, Smendes établit la XXIe dynastie à Tanis et au sud règnent les rois pontifes issus du clergé. Les règnes des souverains de la XXVIe dynastie freinent plus qu'ils n'interrompent le processus de décadence. La XXVIIe dynastie est achéménide. Le roi de perse Cambise s'empare vers 525 de toute l'Egypte. Les Perses sont chassés, mais vers 341, le pays retourne sous domination perse. Selon les historiens, un certain *Alexandre le Grand*, dont les troupes occupent l'Egypte [332 av. J.C] quitte le pays et fonde Alexandrie. Il s'assure surtout l'appui du clergé en se rendant dans le temple d'Amon, où il fait reconnaître sa *filiation divine*. D'après, les spécialistes, le pays est gouverné par ses généraux qui désignent *Ptolémée*[13] comme gouverneur

---

[11] J. CAPART, « L'Art égyptien »
[12] R.P. CHARLES, « Essai sur la chronologie des civilisations prédynastiques d'Egypte »
[13] A. BERTHELOT, « L'Asie ancienne d'après Ptolémée »

d'Egypte à la mort d'Alexandre en 323. Celui-ci se proclame roi en 305 et règne dès lors comme un pharaon.

Durant un siècle et demi la dynastie *lagide* fait de l'Egypte[14] l'une des grandes puissances du monde. L'*empire ptolémaïque*[15] domine une grande partie de la Syrie, la Cilicie, Chypre, etc. Cependant, la richesse de l'Etat est fondée sur l'exploitation de la paysannerie égyptienne lourdement imposée sur les produits issus de terres entièrement en possession du souverain. L'administration est aux mains des satrapes et seuls les membres des minorités perses ou juives peuvent espérer accéder aux charges importantes.

Les émeutes populaires se multiplient à partir du règne de Ptolémée IV[16]. Les révoltes prennent d'autant plus d'ampleur que les intrigues de palais fragilisent le pouvoir. Antiochos IV en 168 attaque Alexandrie qui va tomber lorsqu'elle est « *sauvée* » par une intervention romaine dont le poids de Rome dans les affaires égyptiennes ne cessera de s'alourdir. C'est ainsi que l'Egypte[17] demeure une province romaine durant près de sept siècles. Source de richesses pour Rome, elle est maintenue sous un régime d'administration proche de celui qui existe sous les Lagides. Durant la période romaine, les Egyptiens demeurent d'ailleurs exclus de la citoyenneté romaine jusqu'à l'édit pris par l'empereur Caracalla en 212. Les

---

[14] A.J. ARKELL & P.J. UCKO, « Review of Predynastic Development in the Nile Valley »
[15] J.H. BREASTED, « A History of Egypt »
[16] BORCHARDT & RICKE, « Egypt »
[17] J.H. BREASTED, « Ancient Records of Egypt »

empereurs romains afin de se concilier le clergé protègent la religion ancienne, achèvent ou embellissent les temples commencés sous les Ptolémée. Les cultes égyptiens d'Isis et de Sérapis s'étendent dans tout le monde gréco-romain.

Dans le même temps, le christianisme se diffuse au sein de la population égyptienne qui manifeste ainsi son opposition à l'exploitation romaine. L'Egypte chrétienne adopte sa propre langue, le *copte*. Le monachisme chrétien naît dans les déserts égyptiens. Alexandrie est le berceau de l'*Arianisme*. Après le partage de l'Empire romain en 395, l'Egypte devient byzantine. Le patriarche d'Alexandrie acquiert une grande puissance au sein de l'Eglise chrétienne et il bénéficie du soutien du pape contre son rival de Constantinople.

Saint Cyrille, patriarche d'Alexandrie [412 à 444] obtient la condamnation pour hérésie de Nestorius, patriarche de Constantinople. Mais le pouvoir du patriarcat alexandrin devient menaçant pour la papauté elle-même.

6 - Société pharaonique

D'après les spécialistes, la société des pharaons semble apparaître déjà accomplie vers 3100 avant J.C. Sous le règne du roi Narmer, vers 3000 avant J.C., s'unifie la vallée du Nil où se forme un style égyptien que soulignent les motifs en bas-relief. L'élaboration d'un langage plastique suit une écriture dite *hiéroglyphique* où sont consignés les faits historiques marquants, mais aussi les grands mythes et les rites. En Egypte, seuls les prêtres pratiquent cette écriture. Gravés sur des supports rigides [roche, métal, etc.], les signes se bornent à donner un nom ou un titre, de consigner des œuvres, par exemples, les « *Textes des Pyramides* », sculptés dans les sépultures d'Ounas ou de Pépi [vers 2400 av. J.C.]. Ces écrits composés de plusieurs milliers de versets d'invocations magiques et religieuses servent à soutenir la survie dans l'autre monde au souverain défunt.

L'Egypte organise essentiellement une culture religieuse où se compose par fusion et addition des croyances tribales. Ainsi, il faut arranger les cosmologies et les rituels, les agencer et produire une mythologie où chaque région peut prétendre à la primauté de son propre dieu[18]. Cette unification religieuse est l'œuvre du pharaon qui personnifie le dieu dans ses manifestations terrestres. Le pharaon s'assimile à la divinité Horus, Amon ou Râ. Les prêtres président en son nom et attirent sur lui et sur le pays les bienfaits du ciel. Chef de leur communauté, le pharaon participe au culte de la divinité. Lui seul est capable d'obtenir pour l'Egypte entière la faveur des dieux et de maintenir le cycle cosmique[19].

Les égyptologues pensent que l'amélioration des techniques de débitage des blocs de calcaires ou de granit se fait grâce aux masses de pierres dures. Cette maîtrise de la pierre permet la réalisation des grandes œuvres architecturales qui caractérisent si bien l'art et la pensée d'Egypte. L'Egypte, pauvre en métaux, ignore l'acier, a peu employé le fer ainsi que le bronze. Quant aux métaux

---

[18] NAS E. BOUTAMMINA, « Moïse ou Moūwça ? », Edit. BoD, Paris [France], juin 2015. 2ᵉ édition.
[19] *Ibid.*

précieux [or et argent], ils sont réservés à l'orfèvrerie pour la parure des aristocrates et à l'ornementation des temples ou des matériaux funéraires.

a - Quelques précisions

Divers auteurs présentent différemment l'orthographe de certains noms propres. De ce fait, la dénomination de la pyramide la plus célèbre s'orthographie diversement *Chéops, Kheops* ou *Kéops*. La datation reste non seulement un sujet obscur mais également très épineux surtout en ce qui concerne les plus hautes époques. Les Egyptiens ne connaissent pas les dates absolues. Ils remettent leur calendrier à zéro au début de chaque règne et chaque fait est alors daté selon ce début de règne [par exemple, en l'an IV du règne de *Khephren*].

W. Durant[20] souligne que toutes les dates concernant l'Egypte ancienne sont approximatives. Les Égyptologues prennent plaisir à avancer ou à reculer les plus anciennes d'entre elles de plusieurs siècles !

Les indications qui permettent d'apprécier la durée de chaque règne, ainsi que la disposition des successions des rois d'Egypte sont incomplètes et inutilisables. Dès lors, on imagine l'énorme embarras pour établir une datation absolue. Assurément, lorsqu'on évoque l'Egypte, particulièrement pour l'époque antérieure, par exemple, à la IXe Dynastie, les dates sont certainement très approximatives. Les sources historiques utilisées par les professionnels de l'Histoire [Historiens, Préhistoriens,

---

[20] W. DURANT, « Histoire de la Civilisation I »

Égyptologues, etc.] et imposées comme base des connaissances actuelles sur l'histoire de l'Egypte se divisent en deux catégories. Ce sont d'une part, les découvertes archéologiques et épigraphiques que constituent les monuments, les stèles funéraires, les documents divers qui représentent la source principale de l'Egyptologie moderne. Naturellement, l'emploi de ces sources se fait rarement avec une très grande prudence et avec réflexion. En effet, innombrables sont les conclusions tirées trop hâtivement et qui ne reflètent pas la réalité du passé.

Une autre source importante pour les spécialistes provient des hypothétiques chroniqueurs grecs[21]. Les récits de ces chroniqueurs qui n'ont généralement aucune valeur historique ou scientifique sont à rejeter lors d'une critique textuelle ou documentaire.

7 - L'architecture

Selon les Historiens, l'apparition de l'architecture de pierre est un phénomène inattendu. Il constitue une incontestable révolution de la technologie égyptienne sous le règne du premier pharaon de la IIIe dynastie, Djeser [ou Djeser, vers 2800 av. J.C.] et de son ministre et conseiller *Imhotep*. Ce dernier sera divinisé par la suite car on lui attribue une contribution dans les domaines architecturaux, médicinaux et scripturaux. Il sera vénéré comme patron des guérisseurs et des scribes. Selon les égyptologues, antérieurement, les pharaons des Ières et IIe

---

[21] NAS E. BOUTAMMINA, « Comprendre la Renaissance - Falsification et fabrication de l'Histoire de l'Occident », Edit. BoD, Paris [France], avril 2015. 2ᵉ édition.

dynasties réalisent leurs vastes sépultures de *Saqqarah* et d'*Abydos* en brique. Ils confectionnent de grands édifices funéraires rectangulaires aux faces massives, nommés *mastabas* qui sont ornés à cette époque de redans. Imhotep réalise pour Djeser un grandiose « *complexe funéraire*[22] » à Saqqarah. Selon les Égyptologues l'architecture présente ainsi une série de solutions techniques fondamentales dotées d'un langage décoratif d'une extraordinaire plénitude et autorité. Certainement, l'usage de la pierre n'apparaît pas sans que des tentatives antérieures aient aménagé son avènement : pavages, parements et dallages sont grossièrement utilisés pendant la IIe dynastie. L'innovation qu'apporte l'ensemble de Djeser réside dans une généralisation de toutes les constructions jadis exécutées en brique, en bois et en chaume. Une durée et une perfection éternelles sont recherchées. Le souci d'éternité est constant dans l'Egypte antique. La pierre remplace la brique pour la sépulture du pharaon, ainsi que les lambrissages et vantaux de portes en bois. Les Égyptologues confèrent un second apport à Imhotep qui consiste en la création de la pyramide. Ils pensent qu'en superposant quatre mastabas de dimension décroissante, Imhotep a pu ériger un édifice en gradins qui symbolise l'ascension du mort vers le ciel [!]. Plus tard, celui-ci ajoute encore deux gradins, accroissant ainsi le volume de la pyramide. Le monument devait alors mesurer 60 mètres de haut. De la sorte, les six degrés de l'édifice dominent l'immense enceinte rectangulaire de l'enceinte à redans de

---

[22] Pour les égyptologues, tout ce qui attrait peu ou prou à l'Egypte antique [mœurs, art, objets, architecture, etc.] est forcément lié au domaine funéraire !

10 mètres de haut, mesurant 1650 mètres de pourtour. Ce complexe colossal comprend, sous la pyramide elle-même, des galeries et des caveaux excavés à 30 mètres de profondeur dans le roc du plateau, avec des salles funéraires complètement revêtues de faïences et de bas-reliefs présentant le roi lors des célébrations rituelles. En plus, une série d'éléments secondaires tels qu'une colonnade d'entrée, une place bordée du mur aux cobras, des alignements de chapelles, des temples et les Maisons du Sud et du Nord, tous traités en maçonnerie pleine !

Des éléments décoratifs en trompe-l'œil : fausses poutres, fausses portes, imitations de barrières en bois, vantaux à semi-ouverts, avec leurs gonds pétrifiés. L'appareil est parfait et réalisé dans un beau calcaire blond. Le format des briques est simplement imité. On pense que les tailleurs de pierre s'avisent qu'il est plus économique d'agir sur de gros blocs. Pendant la IVe dynastie, les ouvriers parviennent à des quartiers de granit pouvant peser plusieurs dizaines de tonnes ! A la suite de Djeser, les souverains de la IIIe dynastie ne pourront que s'inspirer de l'*exécution magistrale d'Imhotep*, sans toutefois parvenir à rivaliser avec elle. Selon les égyptologues, la dynastie suivante, celle de Kheops, Khephren et Mykérinos, fait réaliser *mystérieusement* des pyramides géométriquement parfaites, à faces triangulaires, telles qu'elles sont exécutées à Guizèh [ou *Gizeh*]. Elles n'ont rien de commun avec les deux pyramides de *Dashour*, œuvres du pharaon Snefrou, qui comprennent deux appartements funéraires superposés, dont la signification reste une énigme.

II - Hauts personnages

A - Clergé

Les prêtres de l'Egypte ancienne œuvrent dans les *temples* où ils réalisent les rites quotidiens. Ceux-ci consistant à parer, alimenter et à coucher les représentations sculptées figurant les divinités auxquelles des temples leur sont dédiés. Le sanctuaire fixé dans l'excavation du temple indique la chambre à coucher du dieu ou de la déesse. Là, les prêtres s'occupent de satisfaire les *besoins domestiques* de ces derniers. Dans les temples funéraires, les prêtres réalisent des cérémonies similaires pour alimenter le *ka* [*âme esprit*] d'un pharaon ou d'un noble défunt.

Les prêtres se rasent le corps [cheveux et poils] et se purifient à l'eau deux fois par jour, portent des robes ou des jupes de lin d'un blanc pur. Ceux aux rangs élevés sont désignés premiers serviteurs du dieu. Les autres, de grade inférieur ont la charge de diverses fonctions telles que les études et les écrits des textes hiéroglyphiques, l'enseignement des nouvelles recrues et la réalisation des travaux courants dans le temple. La danse et la musique sacrées sont des éléments nécessaires des rituels et des cérémonies où officient prêtres et prêtresses.

Les Egyptiens confient aux prêtres offrandes et prières nécessaires à l'équilibre du monde et aux besoins terrestres. Ces rites se déroulent dans les temples divins où le dieu peut se manifester par des oracles interprétés par les prêtres.

L'Egypte est une *théocratie absolue* et par essence centralisatrice. Le *Pharaon* en est le représentant principal. Le clergé investit le souverain d'un pouvoir magique temporel et spirituel et le déclare comme délégué des dieux sur Terre[23]. Versé dans l'art occulte et de ce fait semant la terreur, le *Grand Prêtre* peut également destituer le Pharaon par des subterfuges. Le puissant clergé tire profit d'un gouvernement pharaonique central fort, capable de maintenir l'ordre et de créer une ambiance propice à l'épanouissement du culte.

B - Royauté

L'Egyptologie et l'archéologie nous enseigne de l'histoire de l'Égypte que c'est sous la XXIIe dynastie [950-730 av. J.-C.], que l'expression *Pharaon* [*Firhawn*], apparaît dans les textes égyptiens[24]. Le *Pharaon* ou « *Roi des rois* » est le monarque de l'Égypte ancienne. La dénomination, à l'origine, s'utilise pour définir le palais royal d'Egypte et ceux qui y demeurent pour enfin indiquer la personne du roi. Le pharaon est à la fois dieu [le fils du dieu soleil *Rê* ou *Râ*] et roi humain [successeur légitime d'Horus, premier roi d'Egypte].

Le pharaon s'attribue des pouvoirs abondants et étendus légitimés par le clergé. Il se charge de garantir

---

[23] NAS E. BOUTAMMINA, « Moïse ou Moūwça ? », Edit. BoD, Paris [France], juin 2015. 2ᵉ édition.
[24] *Ibid.*

l'ordre universel qui comprend aussi bien l'ordre cosmique [seul interlocuteur des dieux sur la Terre] et les rapports sociaux [garant de l'unité de l'Egypte, pouvoirs civils et militaires] que les crues du Nil. Il prend comme épouse, généralement, une de ses sœurs ou demi-sœurs.

Les rois dans l'*Ancien Empire* sont considérés comme des dieux incarnés, la manifestation physique du divin. Les dieux déterminent la succession des rois. Divers moyens se pratiquent afin de désigner le nouveau roi. Les prêtres se servent de la magie, de divination et ils consultent des oracles. Lorsque pharaon monte sur le trône, il se transforme en l'incarnation vivante du dieu faucon Horus. Lorsqu'il décède, il lègue ses responsabilités à son successeur, qui est habituellement son fils. Quelquefois, une personne qui ne possède aucun lien de parenté avec le pharaon lui succède comme un roi, un puissant vizir ou un seigneur[25]. Parfois, une nouvelle lignée de rois apparaît après la chute de la monarchie précédente.

Quand le roi meurt, il se présente dans le monde inférieur où ses actes terrestres sont jugés. Si son cœur est pur et léger comme une plume, il évolue en un Osiris. Ainsi, le titre de pharaon se lègue d'une génération à l'autre. Le corps physique du souverain périt mais il vit dans l'éternité ; la fonction de pharaon continue de subsister, circulant d'une génération à l'autre.

Snefrou [vers 2680-2640 av. J.C.], le plus ancien *roi guerrier* et le premier pharaon d'Egypte de la IVe dynastie [dynastie *memphite*] où l'on dispose de documents. Il a

---

[25] *Ibid.*

mené diverses campagnes militaires en Nubie, en Libye et au Sinaï. On lui attribue la plus ancienne pyramide de *Dahshour*.

C - *Imhotep*

La présence latente des dieux s'accomplit par l'incarnation d'un *génie*, d'un maître du mystère [*Khêry-sêchetâ*]. C'est ainsi qu'est dépeint *Imhotep* et dévoilé en scribe accroupi, au crane rasé et en tunique longue ; double allusion à sa qualité sacerdotale, dépliant sur ces genoux un rouleau de papyrus. Il est tenu pour le fils de Ptah[26]. On prétend que c'est lui qui a découvert la technique de la pierre taillée et qui a inventé le procédé pour la construction des monuments. Toujours selon les égyptologues, Djeser le choisit comme vizir, philosophe d'Etat, *architecte* de son tombeau, guérisseur et magicien.

Cependant, le plus étrange est qu'il n'existe aucun document biographique sur un personnage comme Imhotep, aux fonctions illustres et multiples. Rares également sont les textes supposés relater ses activités gouvernementales !

Toutefois, une épigraphe sur le socle d'une de ses statues permet aux spécialistes de postuler que ce *chancelier du roi de basse Egypte* demeure à Memphis. Il est responsable du grand palais, noble héréditaire, Grand

---

[26] *Ptah* est l'un des plus importants dieux de Memphis dans la mythologie égyptienne. Les inscriptions le définissent comme le créateur de la terre, père des dieux et de tous les êtres vivants et père des commencements. Grand guérisseur, il est patron des travailleurs des métaux et des artisans. On le représente en momie soutenant les symboles de la vie, du pouvoir et de la stabilité.

Prêtre d'Héliopolis, constructeur, sculpteur, fabricant de vase de pierre, etc. En fait, un *génie* universel en plus d'un artisan qui perfectionne, s'il ne les invente, l'art de tailler la pierre et l'art de tourner les vases de pierre. On lui attribue des pouvoirs de guérison et il sera vénéré comme un dieu. Maître de l'insolite, *guérisseur* dont *Sekhmit* [ou *Sekhmet*] est le mystère, la tombe d'Imhotep sera un lieu de pèlerinage jusqu'à la disparition de la religion égyptienne. Adorateurs et malades convergent de Grèce, d'Asie Mineure, d'Italie, etc. Le *Mastaba* [mausolée] élevé sur le caveau de la momie, fait office de temple. On rapporte que le tombeau d'Imhotep écroulé par violence, abandonné ou ensablé, disparaît à l'époque chrétienne. Il était près de la pyramide à degrés, œuvre présumée d'Imhotep, dans la nécropole de *Sakkarah*. Les papyrus présentent cet immense site de la mort comme un éparpillement de bâtiments : temple du dieu des momies *Anubis* [*Anubieon*], temple de la déesse *Astarté* des Sémites [*Astartéion*], Ecoles de scribes, etc. Imhotep incarne le dieu Thot aussi bien que le dieu Ptah.

A proximité du village d'*Aboussir*, W.B. Emery croit avoir localisé la sépulture d'Imhotep vers 1960. Il venait de découvrir les tombeaux des premiers rois, lorsqu'il tombe sur de grandes catacombes, remplies d'ibis momifiés. Il meurt étrangement dès 1960. Il est pris de malaise, sans raison tangible, puis l'hémiplégie du côté droit survient, le privant de l'usage de la parole[27]. Les spécialistes expliquent qu'Imhotep révolutionne l'architecture qui va déboucler sur l'*âge des pyramides*. Elle s'inspire en premier lieu de la

---

[27] J.L. BERNARD, « Histoire secrète de l'Egypte »

thanatologie égyptienne, science de la mort. Imhotep projette de faire profiter à la momie de Djeser, son *double psychique*, d'une aura qui s'immortalise telle celle d'Osiris et qu'imbiberaient, par-delà la mort, des énergies terrestres et cosmiques.

Le mécanisme de cette attache le réunissant au Pharaon : les deux hommes hébergent *un même génie*. La réalisation de l'insolite alchimie nécessite l'installation de la momie royale sous forme *pyramidale*.

L'analyse de la thanatologie égyptienne[28] a dévoilé que la momification ritualisée doit prévenir [par la loi magique de répercussion] la décomposition du *Ka*. Celui-ci étant simultanément, un double de l'individualité et une personnalité spectrale. C'est une situation de l'être, comprise entre l'ego et l'*âme* ou esprit. Il est éphémère et se désagrège, à moins de pratiquer une momification et des rituels appropriés. Les ondes complexes qu'attire la pyramide vers elle, encouragent et accroissent l'entretien de la momie et par contrecoup le *Ka*. C'est ce que pensent du moins les égyptologues.

Occultistes et radiesthésistes reconnaissent que de très étranges radiations cosmiques, dont celles terrestres sont la réfraction par l'écorce terrestre, agissent différemment sur les médiums dans un *sens mystique*. Le supranormal assiste le pharaon sous l'égide d'un *être mystérieux* élu par les dieux, nécromancien tel que Thot qui rend concret le principe de la théocratie. Il est le côté initiatique et hermétique de la royauté, le vizir incarne le côté temporel.

---

[28] J.L. BERNARD, « Aux origines de l'Egypte »

Imhotep est considéré comme vizir qui possède *un génie*. De ce fait, on lui octroie un don de médiumnité et le titre de *Khêry-sêchetâ*, le *maître du mystère* ou *chef du secret*. Etre composite, il effectue les missions secrètes, voire d'exploration, contrôle la justice, assiste le roi secrètement, examine la carte céleste avant toute opération d'envergure, saisit les voix prophétiques, etc. Ce titre convoité du fait de son retentissement occulte se banalise dans les temples, à l'époque de Thèbes, car il suggère la prêtrise la plus haute, le prophétisme et la fonction des scribes de justice réputés être des *maîtres du secret*.

L'atmosphère insolite résulte du *papyrus de Westcar* qui se compose de neufs chroniques en relation avec Kheops, le fils présumé de Snefrou. Il en subsiste trois. Une des chroniques évoque le règne de Snefrou qui consulte Djeddjedmonkh, un magicien.

D'après les égyptologues, Kheops voue un culte à Thot dont il fait rechercher les livres qu'il paie à prix d'or, pour qu'une copie soit déposée dans sa pyramide.

III - La religion égyptienne

A - Le Livre des Morts[29]

Nom d'une importante collection de textes funéraires contenant des formules magiques, des hymnes et des prières supposés, selon les anciens Egyptiens, servir de guide et de protection de l'*âme* [*Ba*] dans son voyage vers le territoire des morts [*Amenti*]. Ces écrits se placent à côté de la momie lors de l'inhumation pour permettre au défunt de parvenir au monde divin.

Ces textes de composition très diverse se regroupent en un corpus d'à peu près 190 formules. Ils sont connus sous le nom de *Textes des pyramides* et de *Textes des Sarcophages*.

Le *Livre des Morts*[30] dénommé aussi « *Formule pour sortir au Jour* » est un recueil occulte qui aborde divers thèmes énonçant le déplacement du défunt dans l'au-delà et son initiation. La place en compagnie des dieux nécessite pour le défunt d'acquérir les aptitudes spécifiques de la divinité, en particulier le *Ba*, l'*âme*. Le mort se soumet à un jugement où sont évalués ses actes et ses intentions. Les textes exposent une codification stricte des principes sur lesquels se fixe ce jugement.

---

[29] A. CHAMPDOR, « Le livre des morts »
[30] Des exemplaires de ce *Livre des Morts* se trouvent au *Musée du Louvre* et au *British Museum*.

Certains auteurs[31] assurent qu'une partie de ces textes a été compilée par *Kheops* et enfermée dans la Grande Pyramide. Le livre apparaît comme le symbole du secret divin qui n'est livré qu'à l'initié. Il a joué un rôle essentiel dans le rituel d'initiation des mystères *osiriens*. Il reste la bible du *gnosticisme*[32].

PANTHEON EGYPTIEN

NOM	ATTRIBUTS	REPRESENTATION
Amon	A l'origine l'un des dieux des Forces créatrices, adoré par la suite comme roi des dieux et créateur suprême sous le nom d'Amon-Râ.	Généralement figuré sous l'aspect d'un homme à tête de bélier ou à visage humain coiffé de cornes de bélier, voire d'un disque solaire.
Anubis	Dieu des Morts et juge des âmes.	Figuré sous les formes d'un homme à tête de chacal.
Aton	Divinité qui symbolise le globe solaire, proclamée dieu suprême et unique par Akhenaton lors d'une brève réforme monothéiste.	Figuré sous la forme d'un disque solaire ourlé de longs rayons se transformant en mains à leur extrémité.
Bastet	Déesse de l'Amour et de la Fertilité.	Généralement figurée sous les traits d'une femme à tête de chat.
Hathor	Déesse du Ciel et déesse nourricière associée à l'Amour, à la Naissance et à la Fertilité.	Figurée sous la forme d'une vache, d'une femme à tête de vache ou coiffant simplement des cornes de vache.
Horus	Dieu du Ciel, de l'Amour et de la Bonté.	Couramment représenté sous l'aspect d'un faucon ou d'un homme à tête de faucon.
Imhotep	Patron des scribes et des artisans, également associé à la sagesse et à la « *médecine* », à l'architecture. Il a été divinisé et considéré comme le fils de Ptah.	Habituellement montré assis, la tête rasée et tenant un rouleau de papyrus à la main.
Isis	Déesse de la Fertilité et de la Maternité.	Figurée habituellement sous l'aspect d'une femme portant un trône sur la tête.
Maât	Déesse de la Loi, de la Vérité et de la Justice.	Figurée sous l'aspect d'une femme coiffée d'une plume d'autruche.

---

[31] J.L. BERNARD, « Histoire secrète de l'Egypte »

[32] J. DORESSE, « Les livres secrets des gnostiques d'Egypte »

Mout	Souveraine des dieux et mère universelle.	Généralement figurée sous les traits d'une femme, quelque fois à tête de vautour.
Nout	Déesse du Ciel.	Généralement figurée sous la forme d'une femme nue dont le corps allongé épouse la courbe terrestre.
Osiris	Dieu des Morts.	Figuré sous l'aspect d'une momie, les bras croisés sur la poitrine, maintenant d'une main le sceptre, de l'autre le fouet, symboles de son pouvoir.
Ptah	Créateur suprême et patron des artisans.	Habituellement figuré sous les traits d'une momie maintenant une croix, l'*Ankh* (symbole de la vie) et un sceptre.
Râ [*Rê*]	Dieu du Soleil et de la Création.	Couramment figuré sous la forme d'un homme à tête de faucon, coiffé du disque solaire.
Sekhmet	Déesse des Querelles et de la Guerre.	Généralement représenté sous l'aspect d'une lionne ou d'une femme à tête de lionne.
Seth	Dieu de l'Obscurité et du Mal, aussi associé au désert.	Figuré le plus souvent sous la forme d'une chimère ou d'un homme à tête de monstre. Il est aussi associé au crocodile, à l'hippopotame et aux animaux du désert.
Thot	Dieu lunaire, de la Magie et de la Sagesse et divinité universelle.	Usuellement représenté sous les traits d'un homme (ou d'un babouin) à tête d'ibis ou de chien.

La religion de l'Egypte ancienne est l'un des aspects les plus intéressants. La pensée égyptienne et l'imagination débordante dont atteste la conception d'idées et d'images de dieux et de déesses sont particulières. Les premières conceptions de la divinité qui sont monothéistes, héritages de la tradition adamique ont depuis longtemps disparu. Ainsi, la dégénérescence du monothéisme évolue lentement au fil des siècles vers l'animisme lorsque ces peuplades s'établissent le long du Nil sous l'emblème des théocrates[33].

---

[33] NAS E. BOUTAMMINA, « Expansion de l'Homme sur la Terre depuis son origine par mouvement ondulatoire - Volume IV », Edit. BoD, Paris [France], juillet 2015. 2ᵉ 2dition.

Originaires de la Péninsule arabique, les populations de ce qui allait être celles de l'Egypte, transforment leur croyance ancestrale monothéiste pour déboucher progressivement sur une vision mythologique du monde, celle de la flore et la faune du Nil [*animaux dieux, plantes déesses*]. La religion égyptienne unit par la terreur les communautés locales est à l'origine de la pensée et des principes communs nécessaires au développement d'une société. Dans le cas de l'Egypte ancienne, les systèmes de croyances se sont déployés pour devenir la force motrice des expressions culturelles.

Les premiers ancêtres égyptiens, société théocratique délaissant le monothéisme révélé, se préoccupent des phénomènes naturels et des puissances qui les gouvernent. Ils n'adorent plus une conception déterminée de Dieu, mais s'égarent vers des convictions religieuses dites magiques, occultes et secrètes. Ainsi, le clergé égyptien *imagine* un pouvoir magique renfermé dans le hiéroglyphe d'un sceptre [ou d'un bâton] qui demeure l'un des symboles les plus stables du pouvoir divin. Il est toujours présent dans les reproductions des pharaons et des dieux.

Davantage conscients du pouvoir et des bénéfices qu'ils en tirent les prêtres égyptiens se mettent à concevoir les dieux sous une forme anthropomorphique. Ce stade est nommé mythique et il est retrouvé en Mésopotamie, en Perse, etc. Les mythes se formulent, le pouvoir s'établit et la société se développe. Il s'agit des *mythes fondateurs* des sociétés et des cités.

Chaque ville d'Egypte détient sa propre divinité, révélée par une idole matérielle ou un dieu évoqué sous l'aspect d'un animal, tels qu'un dieu ibis, un dieu crocodile, un dieu chacal ou une déesse chatte, une déesse cobra, etc. Le panthéon se concrétise par ces dieux et déesses qui s'affichent de corps humains et se dotent d'attributs et d'activités humaines. Les temples des villes importantes du pays s'édifient pour adorer les dieux locaux. Sous le Nouvel Empire, ces temples glorifient une triade de dieux qu'inspire l'archétype crée par la famille mythique d'Osiris, Isis et Horus.

Les croyances de l'Egypte ancienne sont hermétiques et magiques. Au grée des siècles, de religion à divinités locales, l'Egypte accède à une religion plus nationale où le nombre de divinités principales est plus restreint. Les Egyptiens prodiguent une conception collective de l'idée du monde et de l'éventualité de retourner au chaos si on permet le déchaînement des forces destructrices de l'Univers. Ainsi, le contrôle des forces de la nature par des cérémonies strictes et selon une culture occulte consent à replacer l'ordre des dieux sur Terre.

W. Durant[34] écrit que la religion égyptienne ne s'occupait guère de la morale ; les prêtres vendaient des charmes, marmottaient des incantations, exécutaient des rites magiques, mais ne se souciaient guères de moraliser le peuple.

Le *Livre des Morts* lui-même enseigne aux croyants que des charmes bénis par le clergé triompheront de tous les

---

[34] W. DURANT, « Histoire de la Civilisation I »

obstacles que l'âme du défunt pourrait rencontrer. L'Egyptien pieux était tenu de marmotter d'étranges formules s'il voulait éviter le mal et provoquer le bien.

B - Animisme

Les prêtres de Râ conçoivent la IVe dynastie dont les trois premiers rois, selon les égyptologues, sont les fils d'une prophétesse de leur temple : *Kheops, Khephren, Mykérinos.*

L'*animisme*[35] est la croyance en un principe supérieur, *souffle vital* ou *âme* [ou *esprit*] qui habite dans les lieux ou les objets. L'animisme, habituellement dénommé *panpsychisme*, est la doctrine où toute matière est vivante et dispose d'une existence intérieure ou psychologique.

E.B. Tylor[36] décrit l'animisme comme la croyance en des êtres spirituels où les âmes, telles des fantômes, ressemblant à de la vapeur ou à des ombres, peuvent migrer d'un individu à un autre, d'une créature vivante à une autre et d'un objet inerte vers un autre. L'objet doit détenir des qualités inhabituelles ou doit se comporter de manière apparemment inattendue ou mystérieuse comme s'il était vivant.

L'animisme est une dégénérescence du monothéisme primitif, lorsque les groupements humains se sont déplacés de la Péninsule arabique vers les rivages du Nil. Ce

---

[35] Actuellement, la majorité des anthropologues rejette la théorie de l'animisme, même s'il arrive encore qu'on use de ce terme pour définir les religions traditionnelles.

[36] E.B. TYLOR, « Civilisation primitive »

processus religieux est identique pour les populations ayant colonisé la Mésopotamie, la Perse, etc.[37] L'animisme est la religion de la nature secrète qui mêle sorcellerie et magie. La magie déclenche une ferveur chez les Egyptiens[38].

J.L. Bernard[39] rapporte que Khéops, esprit désabusé, se passionne pour la magie. Celui-ci a rassemblé des chroniques en rapport avec des faits paranormaux. Ainsi, est né un papyrus dont Miss Westcar a retrouvé la moitié en Egypte et qui se trouve aujourd'hui au musée de Berlin. Il est question d'un prêtre *hery-heb* du temple de *Ptah*, temple de grande renommé pour sa magie.

Les prêtres *hery-heb* sont les détenteurs de cet art. Ils connaissaient parfaitement les livres sacrés quant aux sens et quant au son ; ils savaient articuler le verbe et même l'exploiter à des fins de prodiges.

Le mot *pyramide*, pour les uns, signifie en égyptien *Mêr* [aimant], pour d'autres, il dérive de l'égyptien *pi-rêmus* désignant l'élévation. Il symbolise les propriétés énergétiques du temple sur pyramide. L'incorporation sans réserve du supranormal à l'univers quotidien tridimensionnel définit la mentalité égyptienne. La clé de voûte de la psychologie égyptienne est le concept de *Ka* qui présente non seulement telle une continuation magnétique de la situation humaine, mais spécialement

---

[37] Nas E. Boutammina, « Expansion de l'Homme sur la Terre depuis son origine par mouvement ondulatoire - Volume IV », Edit. BoD, Paris [France], juillet 2015. 2ᵉ 2dition.
[38] Nas E. Boutammina, « Moïse ou Moūwça ? », Edit. BoD, Paris [France], juin 2015. 2ᵉ édition.
[39] J.L. Bernard, « Histoire secrète de l'Egypte »

comme l'être véritable. L'*âme* au sens que lui donne, par exemple, l'Islam reste étrangère à la notion de *Ka*. Cependant, celle-ci répond mieux à celle de *Ba* que symbolise un oiseau à tête humaine, évoquant le son et l'envol.

L'*anatomie ésotérique* unit l'âme à la gorge et dans la conviction populaire, elle sort par la bouche et s'envole. De ce fait, la bouche des momies est béante. La vraie vie représente pour les Egyptiens le *Ka*. Les prêtres égyptiens cultivent les spectres ou les fantômes par l'intermédiaire de nécromanciens qui récupèrent des fragments d'histoires ou de recettes perdues en occultisme.

L'héritage adamique de la morale, par exemple, disparaît subitement par les exécrables pratiques d'un clergé corrompu et âpre aux gains.

Même les divinités entre-elles usent de magie et de maléfices. La littérature égyptienne est garnie de magiciens, de sorciers, etc. La vie quotidienne est encombrée de talismans, de charmes, de divinations et de sortilèges. En vue d'augmenter le *Ka*, l'exploitation de la momification est un aspect subtil de matérialisme et, notamment de déviation religieuse. L'abus de la magie et celui du spiritisme ont contribué à la dégénérescence et à la déchéance de l'Egypte.

C - *Iconothéisme*

Le culte voué à une image illustrant un être surnaturel dont la représentation matérielle est vénérée comme la demeure de celui-ci constitue l'*idolâtrie*. Elle est très répandue dans les grandes sociétés actuelles et notamment antiques dans les cultures égyptienne, chaldéenne [babylonienne], hindoue, arabe, grecque, romaine, etc. Dans les sociétés traditionnelles, l'idolâtrie subsiste encore. Ce type de pratique religieuse s'apparente au culte de la nature et à l'animisme. On peut associer aux idoles, les fétiches personnels ou domestiques qui sont l'objet du culte public. L'idolâtrie, c'est également la vénération des morts dont la pratique consiste à ériger une statue du sujet décédé sur sa tombe. Cette conception est née de l'idée que l'âme continue à exister, après la mort, dans le corps ou dans une relique.

Les cultures égyptienne et babylonienne ont implanté solidement le culte des idoles en Palestine et celui-ci n'est abandonné qu'à l'instigation des prophètes qui défendent aux populations [par exemple les Hébreux] toute forme d'idolâtrie.

D - *Momification*

La pratique de la *momification* ou *embaumement* ou *thanatopraxie* a un sens secret, de portée hautement spirituelle, surtout pour des cas isolés [Grands Prêtres, Prophétesses, Pharaons, Nobles]. Cette conception funéraire a subi une dégénérescence parallèlement aux croyances dont elle tire une dialectique mythologique. En effet, la tradition adamique des rites funéraires est l'*inhumation*.

Usage mortuaire, l'*embaumement* est l'art de conserver les corps après la mort, habituellement par des composés chimiques [natron, nitrite]. Les prêtres égyptiens préparent des substances ou produits de conservation selon une recette secrète.

A l'origine, la momification est une preuve punitive qui sert d'exemple pour la postérité dont fut victime le premier Pharaon[40] !

L'effet néfaste, produit par certains gaz [CO^2] et poussières, véhiculés par les touristes et les fonctionnaires responsables du *Musée National Egyptien* pousse ce dernier à consulter des scientifiques afin d'analyser certaines momies. C'est ainsi que les scientifiques en examinant les momies égyptiennes [autopsie, prélèvement d'échantillon, etc.] arrivent à des résultats stupéfiants. Ils trouvent outre différentes plantes telles que des aromates et des spores florales, du *tabac* et de la *cocaïne*, végétaux qui ne se cultivent qu'en Amérique du Sud, principalement au Mexique, au Pérou, en Colombie, etc.

A titre d'information, c'est à cet endroit même que se trouve une société comparable, en beaucoup de points, à celle de l'Egypte [construction de pyramides, momification, culte solaire, animisme, emploi de l'or à des fins religieux, théocratie puissante, culte *pharaonique*, etc.] !

Le *Tabac* est une plante herbacée de la famille des *solanacées*. Originaire exclusivement d'Amérique [Mexique, Guatemala, Honduras], cette espèce a une hauteur de 1 à 3 mètres et possède dix à vingt larges

---

[40] NAS E. BOUTAMMINA, « Moïse ou Moūwça ? », Edit. BoD, Paris [France], juin 2015. 2ᵉ édition.

feuilles atteignant une longueur de 80 centimètres et une largeur de 40 centimètres, arrangées en alternance sur une tige centrale. Lors de la colonisation du reste du continent américain par les Mayas ces derniers véhiculent le tabac [parmi tant d'autres éléments]. Les Amérindiens croient en ses propriétés médicinales et s'en servent lors des cérémonies religieuses. Le *Coca* est un arbuste natif des Andes péruviennes et boliviennes de 1 à 2 mètres de haut dont on extrait la cocaïne. Des feuilles de Coca, on tire la cocaïne qui a des propriétés antiasthéniques, analgésiques, hallucinatoires, etc. Elle est utilisée comme produit médicinal et religieux.

1 - Momie, cérémonies, cocaïne et tabac

La momie de Ramsès II en parfait état de conservation recèle un incroyable mystère que personne n'arrive à expliquer. En 1976, la momie agressée par des moisissures débarque en France au *Muséum d'Histoire Naturelle*. Des échantillons de la substance d'embaumement sont prélevés.

M. Lescot, botaniste au *Muséum d'Histoire Naturelle* analyse les prélèvements et à sa grande stupéfaction, elle découvre des fibres de tabac ! L'événement fait l'effet d'un explosif car pour les archéologues du monde entier, il est impossible que les Egyptiens aient connu le tabac ! A l'époque, la plante ne croît qu'en Amérique. Le végétal n'a traversé le continent américain que 2700 ans plus tard !

Une autre trouvaille tout aussi étonnante va d'avantage épaissir l'énigme. Des égyptologues réclament Svetla

Balabanova[41], toxicologue à l'Institut Médico-légal de Munich [ULM], afin d'analyser la momie d'Enouktaoui, une prêtresse égyptienne vieille de plus de 3000 ans. Le but de cette analyse est de rechercher d'éventuelles présences de drogue dans son organisme. Les résultats sont ahurissants !

Le corps de la momie renferme de grandes quantités de cocaïne. L'analyse des cheveux démontre également que la prêtresse en a consommée peu après sa mort.

La toxicologue établit qu'il ne peut pas avoir d'erreur dans ce type de dépistage. La méthode très fiable est de pratique courante. A la publication de ses résultats, elle est submergée de courriers agressifs. Des lettres d'injures exprimant l'absurdité de ses déclarations, de l'impossibilité de ses affirmations car il est prouvé qu'avant la découverte de l'Amérique au XVe siècle, cette plante ne se trouve nulle part ailleurs que dans ce continent. La feuille de coca d'où on extrait la cocaïne ne pousse que dans les montagnes d'Amérique du Sud.

Et si les Egyptiens ont eu des contacts avec le continent américain ? Pour les égyptologues, l'idée est complètement absurde puisqu'il n'existe aucune trace de tels voyages dans les récits de l'époque. Les Grands Prêtres égyptiens préparent la substance d'embaumement avec les plantes venues de contrées lointaines et pourquoi pas d'Amérique ?

---

[41] S. BALABANOVA, « Parsche, Prisig, First identification of drugs in Egyptian mummies, Naturwissenschaften », 1992, vol. 79, n° 8, p. 358.

Selon les botanistes, la découverte de cocaïne dans les momies, si on se tient à la botanique, est quasiment une impossibilité. Pour les spécialistes, il doit y avoir une erreur : du point de vue de la flore, c'est simplement inexplicable.

Les Grands Prêtres égyptiens et mayas n'ignorent pas les propriétés de la cocaïne à savoir stimulantes, euphorisantes, anesthésiques ainsi que sa capacité de provoquer l'illusion et l'hallucination.

Le fait que la cocaïne n'existe dans aucune autre plante laisse S. Balabanova indécise !

R. David, égyptologue conservatrice du département d'égyptologie du musée à Manchester, qui a la responsabilité de certaines momies est certaine que la toxicologue munichoise s'est trompée. En 1997, elle se rend à Munich afin de pratiquer une contre-expertise. Elle aussi fait de singulières découvertes. Les résultats des examens des échantillons tissulaires et capillaires de ces momies dévoilent la présence de nicotine. En conséquence, cela confirme les résultats des travaux de S. Balabanova.

Ces affirmations anéantissent rapidement des pans de savoir que l'on pensait acquis. La question de la cocaïne reste un mystère. On n'a pas pu expliquer comment la cocaïne a abouti en Egypte ! La découverte de cocaïne ne peut s'expliquer par une anomalie d'expérimentation [erreur au laboratoire], par la contamination, par les fausses momies, ni par l'existence de plante égyptienne renfermant cette drogue. Pour trouver une réponse, certains auteurs avancent un *commerce international* jusqu'en Amérique.

Pour acquérir de l'encens, de la myrrhe et d'autres plantes rares utilisées dans les cérémonies religieuses ou des plantes médicinales, les Egyptiens sont disposés à sillonner de longues distances. L'Egypte avait des rapports économiques à l'Est avec la Mésopotamie [Syrie et Irak], au Nord avec Chypre, au Sud avec l'Abyssinie et à l'Ouest avec la Libye. Quant aux négoces avec l'Amérique, pour la généralité des Archéologues, l'idée ne vaut même pas la peine d'être évoquée !

J. Baines, égyptologue à l'Université d'Oxford, assure que l'hypothèse que les Egyptiens aient pu se déplacer jusqu'en Amérique est absolument déraisonnable. Il assure qu'aucun paléontologue, anthropologue, égyptologue ou archéologue ne croit à cette supposition et c'est une perte de temps que de prospecter ces domaines.

Obsédés par l'immortalité, les Egyptiens utilisent la momification durant plus de trente siècles. Ce moyen de conservation est censé préparer le défunt pour la vie dans l'au-delà[42]. La pratique de l'embaumement s'étend à d'autres peuples de l'Antiquité, notamment les Mésopotamiens, les Perses, les Scythes, les Chinois, les Aztèques, les Incas, les Mayas, etc.

---

[42] NAS E. BOUTAMMINA, « Moïse ou Moūwça ? », Edit. BoD, Paris [France], juin 2015. 2ᵉ édition.

Avec le temps, les méthodes d'embaumement se sont perfectionnées. Elles consistent en l'extraction du cerveau et des viscères, à garnir les cavités du corps avec un assortiment d'herbes aromatiques et de matières balsamiques. Les Egyptiens baignent le corps dans du *carbonate de sodium* [natrite, natrum], injectent du baume dans les artères et les veines. Ils emplissent les cavités thoraciques de produits oléagineux et aromatiques, de sel, et entourent le corps de bandelettes de toile gommée. Les Egyptiens ont été des spécialistes de l'embaumement. On observe que les membres inférieurs des momies, débandés 3000 ans plus tard, restent encore souples et élastiques. A partir des anciens peuples d'Afrique et d'Asie, la momification s'étend en Europe[43] où, avec le temps, elle se banalise.

E - Magie, sortilège, maléfice, ensorcellement...

Depuis la plus haute antiquité de l'Egypte, se multiplient les récits de revenants. Le peuple égyptien en raffolait. Il existe des fragments d'écrits datés de la XIXe dynastie thébaine qui narrent l'histoire d'un Grand Prêtre d'Amon. Celui-ci s'adonnant au spiritisme dans un tombeau en ruine, se retrouve sous l'influence d'un *guide invisible*, d'un *esprit*, dont il souhaite lui soustraire des recettes de magie ancienne. Le *spectre* lui relate que des siècles auparavant, il a vécu sous le règne d'un pharaon thébain[44].

---

[43] Actuellement, le corps de Lénine, conservé dans un mausolée à Moscou, est un très bon exemple d'embaumement.

[44] G. LEFEBVRE, « Romans et contes égyptiens »

1 - Glose ou dialectique surnaturelle

Anthropologiquement, les croyances et les pratiques magiques se présentent dans toutes les sociétés humaines quel que soit leur degré d'évolution. L'universalisation de ces convictions imprègne tellement l'Homme qu'il est nécessaire de les définir. Les sociétés antiques se maintiennent grâce aux superstitions, à la mythologie, à l'astrologie et à d'autres subterfuges. La complicité des monarques et du clergé, profitant de l'incrédulité des populations baignant dans l'ignorance, installe solidement leur autorité. Par la divination, les mystères et la magie, les religieux soutiennent l'investiture des rois et des pharaons dans un culte de divinité. Le châtiment et le pouvoir sont un droit pour ces « *dieux humains* » ; la soumission aveugle et la servitude sont un devoir pour les populations. Les privilégiés, s'assurant la protection des premiers, exploitent de manière insolente les seconds.

2 - L'inconscient collectif

La résultante de la crainte ou de l'ignorance est fondée sur la superstition, caractérisée par la croyance ou la pratique considérée comme irrationnelle. Elle implique une conviction dans des forces invisibles et inconnues qui peuvent être influencées par des objets et des rites.

Le fait de croire que la malchance poursuit la personne devant laquelle passe un animal [vol d'oiseau, chat noir, etc.] ou qu'un quelconque malheur atteint celle qui passe devant un tombeau sans le saluer sont des exemples de superstitions. Les porte-bonheur, tels que les amulettes, les pièces, les médaillons ou les statuettes sont souvent conservés ou portés pour éviter les mauvais esprits ou pour porter chance.

Les pratiques et les croyances superstitieuses sont plus fréquentes lorsque les situations comprennent un degré élevé de risque, de hasard et d'incertitude, en période de tensions, de crise personnelle ou sociale ; et quand les événements paraissent dépasser le contrôle humain. Ainsi définir ce qui relève ou non de la superstition est un constat relatif. Les croyances et certaines pratiques religieuses peuvent être considérées comme de la superstition par des « *non-initiés* ». Les pratiques populaires non orthodoxes sont souvent condamnées par les dirigeants religieux comme des parodies superstitieuses de la vraie foi.

Un autre phénomène culturel complexe et âprement fixé dans les sociétés humaines est le *mythe*. Ce dernier peut être étudié selon différents critères. Ordinairement, c'est un récit, composé de symboles : la *cosmogonie* qui narre l'origine du monde, des dieux, la création des animaux, des hommes, l'origine des traditions, des rites et de certaines formes de l'activité humaine.

La *Magie* ou *Sorcellerie* est l'ensemble de pratiques caractérisant l'idée qu'il existe dans la nature des puissances cachées qu'on peut influencer pour provoquer un malheur ou s'attirer un bonheur. Cette vision judéo-chrétienne s'applique également pour les sociétés primitives ou animistes.

L'avènement de l'Islam fixe rationnellement la conception intellectuelle de l'Univers et son corollaire l'invention des sciences expérimentales et techniques[45]. Les sociétés judéo-chrétiennes, quant à elles, très peu évoluées expliquent tous les domaines de la connaissance par des croyances et des pratiques magiques [par exemple les soins médicaux], héritages mythologiques gréco-romains.

La tradition mythique occidentale explique la mythologie comme une étape dans l'évolution de la pensée humaine, allant de l'ignorance et de l'irrationnel vers le présumé rationnel en suivant un ordre déterminé par les forces divines dont les initiés, seuls, sont aptes à remplir cette mission.

La réalité des dieux, des humains et de la création, exprimée le mieux par le mythe, la raison ou l'histoire s'est perpétuée dans la croyance de la plupart des sociétés. Des éléments de mythologies païennes persistent dans le substrat folklorique et religieux de diverses cultures européennes, africaines, asiatiques et américaines. Soucieux de donner un sens aux mythes en apparence irrationnels et fantastiques, la classe dirigeante [roi, prêtre, chef militaire et notable] considère les mythes comme l'expression d'un effort intellectuel, un don des dieux pour expliquer le monde et gérer les affaires du peuple. Les mythes apparaissent également comme un aspect de l'*évhémérisme*[46], c'est-à-dire dériver le surnaturel de faits historiques transposés sur le plan du mythe ; la divinisation des vertus d'un être humain. Le développement des

---

[45] NAS E. BOUTAMMINA, « Les contes des mille et un mythes - Volume II », Edit. BoD, Paris [France], novembre 2011.
[46] *Evhémérisme*. Doctrine selon laquelle les dieux païens sont des personnages humains qui ont été divinisés après leur mort.

mythes entre dans une perspective universelle. La passivité aux réalités non humaines se caractérise par l'absence de réflexion. Dès lors, on ne cherche pas le sens intellectuel ou technologique de l'environnement mais l'adaptation et la composition avec ses forces. Cette attitude cosmographique à l'irréel est liée à l'expérience cosmographique du monde.

E. Durkheim examine la relation entre mythe et société. Il affirme que les mythes sont la réaction des individus face au phénomène social : ils expriment la façon dont la société se représente l'humanité et le monde, et constituent un système moral, une cosmologie et une histoire.

Les cultures créatrices de mythes ne font pas de différence entre l'esprit et la nature ou la religion et la vie. Ces mythes ne peuvent distinguer la vérité symbolique ou l'imaginaire de la vérité concrète ou du fait. L'idée selon laquelle les mythes du soleil et de la fertilité sont des tentatives rudimentaires pour expliquer les forces naturelles comme la science les explique est un concept qui jouit d'une grande crédibilité. Une autre conception de l'ignorance est l'appréhension du monde sous forme névrotique, caractérisée par des troubles affectifs et émotionnels. Cette conceptualisation est concrétisée par des rites secrets et des cérémonies en liaison avec des cultes religieux divers dans les sociétés antiques et modernes. Ces rites et cérémonies sont connus sous le nom de *Mystères* et pratiqués par des congrégations d'hommes et de femmes dûment initiés ; personne d'autre n'a le droit d'y participer.

L'origine de ces Mystères est jinnienne et l'objectif reste sûrement la recherche non avouée de la puissance et l'établissement du désordre dans l'esprit humain[47] !

Les *Mystères* prétendent receler des vérités profondes et les restes d'une révélation trop complexes pour les esprits populaires. Les rituels sacrés apportent sans aucun doute, aux initiés des doctrines religieuses secrètes concernant la continuation de la vie après la mort. Purifications, offrandes sacrificielles, processions, danses et chants composent les Mystères. A priori, leurs buts semblent procurer instruction et réconfort moral pour la vie terrestre, ensuite, donner de l'espérance pour l'au-delà.

La conception *jinnienne*[48] stipule que les hommes doivent extérioriser leur nature et se livrer à l'emprise de leur être en respectant certains rites de purification et l'ascétisme. Pour certains, la préparation à l'au-delà s'effectue à la suite d'une longue série de réincarnations. Après leur mort, les hommes qui ont vécu dans le « *mal* » sont punis, mais s'ils ont observé la sainteté, leur esprit serait libéré des éléments démoniaque et réuni à la divinité. Les initiés de la thaumaturgie prétendent pratiquer l'art de réaliser des miracles. Les rites magiques mêlent souvent l'incantation ou récitation chantée de formules magiques : stances, séries de noms, énumération de chiffres, phrases inintelligibles, etc. Néanmoins, l'organisation, l'attitude secrète, le cérémonial, les moyens utilisés et l'objectif

---

[47] NAS E. BOUTAMMINA, « Le Jinn, créature de l'Invisible », Edit. BoD, Paris [France], janvier 2011.
[48] *Ibid.*

sélectionné rendent les adeptes et leurs prêtres efficaces et terrifiants.

La croyance en des pratiques telles l'*occultisme*, l'*astrologie*, la *divination*, etc. fondées sur des connaissances ésotériques relatives à l'Univers et à ses forces mystérieuses intègre généralement le concept de *conformité* ; c'est-à-dire de relations de type analogique entre les différentes entités universelles [étoiles, planètes, êtres vivants, plantes, etc.]. Obtenir la véritable connaissance occulte est permise par l'étude de textes ésotériques ou l'initiation, par ceux qui la possèdent ou qui l'expliquent.

L'*occultisme* des sociétés modernes plonge ses racines dans les traditions babyloniennes et égyptiennes antiques, telles qu'elles sont léguées en principe par les philosophes hermétistes. Largement étendu par le mysticisme de la Kabbale, du Zohar, il se généralise.

Malgré le témoignage plus important à sa signification spirituelle qu'à ses applications pratiques, l'exercice de l'occultisme persiste et même se développe outrageusement en réponse à la faillite de la science.

Franz Anton Mesmer[49] [1734-1815] soutient que l'occultisme était une manière d'affirmer la nature

---

[49] F.A. MESMER est un médecin badois [Allemagne], fondateur de la théorie du magnétisme animal, aussi connue sous le nom de mesmérisme. F.A. MESMER, « De l'influence des planètes sur le corps humain », 1766 - « Mémoire sur la découverte du magnétisme animal », 1779.

fondamentale de l'Univers comme conscience et la capacité de l'esprit humain à agir directement sur lui[50].

Etre l'égal de Dieu a toujours été convoité par l'Homme afin de détenir la destinée de l'humanité, d'agir sur elle et d'être ainsi, vénéré. L'Homme s'associe aux *Jinn* qui l'engagent à composer des pratiques visant à posséder une aptitude à visualiser des objets ou des événements passés ou futurs, par des moyens supranormaux.

3 - *L'art d'interpréter l'invisible*

Certains phénomènes d'existence établie ou non, dont le mécanisme et les causes inexpliqués, sont imputés à des forces de nature inconnue, terrifiantes, d'origines notamment maléfiques sont apaisés par des sacrifices et des offrandes.

L'art d'observer et d'interpréter des corrélations entre les événements terrestres, les positions et déplacements des corps astraux, notamment du soleil, de la lune, des planètes et des étoiles accentue l'assise de l'*Ignorance*. Les astrologues soutiennent que la position des corps astraux à l'instant exact de la naissance d'une personne ainsi que les mouvements de ces corps reflétant sa personnalité permettant la prévision de son destin sont soutenus par les astrologues. Les prêtres de l'astrologie créent des diagrammes et les *horoscopes* qui signalent la position des corps astraux à une période fixée, par exemple, celle de la naissance d'un individu. Le plus célèbre est Ptolémée [v.

---

[50] F.A. MESMER, « Précis historique des faits relatifs au magnétisme animal. T. I », 1781, L'Harmattan, 2005.

100-v. 170] qui est le promoteur de cet art qu'il fixe dans des *parchemins*[51]. Ceux-ci connaissent un immense succès au Moyen-âge et ils perdurent jusqu'à nos jours !

Les Mayas d'Amérique centrale, les Chaldéens à Babylone, l'Inde, la Perse, les Chinois et toutes les sociétés antiques se réfèrent aux diverses formes astrologiques. En Grèce [vers 500 av. J.C.], l'astrologie s'établit particulièrement chez les philosophes et le clergé dans leurs études religieuses et spéculatives. Héritage naturel grec, elle se pratique largement en Europe qui considère l'astrologie comme une science complémentaire.

4 - Attributs divins

La possession de supposés pouvoirs mystérieux et des procédés empiriques, par exemple, qui guérissent ou qui prétendent guérir sont l'apanage des prêtres, des sorciers, des chamans et des guérisseurs. Cette croyance populaire octroie à ces derniers, honneur, crainte et privilèges.

L'hypothèse que la plupart des maladies, sinon toutes, ont des causes paranormales nécessitant l'aide des puissances surnaturelles pour les éradiquer constitue le fondement de leurs méthodes de guérison. La maladie d'un individu peut être la conséquence de l'offense à un dieu, de l'emprise d'une sorcellerie ou d'un esprit malfaisant.

---

[51] NAS E. BOUTAMMINA, « Les contes des mille et un mythes - Volume II », Edit. BoD, Paris [France], novembre 2011.

Par la divination, le guérisseur ou le sorcier diagnostique la maladie, applique le remède spirituel, qui consiste à identifier et à recueillir un objet vecteur de la maladie ou exorciser un esprit démoniaque. Ces initiés associent au cérémonial mystérieux des remèdes physiques tels que des applications de plantes ou des massages.

La *perception extrasensorielle* et la possession de pouvoirs mystérieux sont une croyance universelle. Une loi inhérente à l'Homme est que l'inconnue induit divers degrés de crainte. Afin de conjurer cette peur, par exemple, la *mort*, les hommes tentent de développer des méthodes, des techniques ; à imaginer un rituel afin d'expliquer sinon contrôler les mystères de la nature, le souffle vital ou âme, qui réside dans les lieux ou les objets.

IV - Les Pyramides

A - *Quelques notions*

Géométriquement, la pyramide est un polyèdre formé d'un polygone plan et de tous les triangles ayant pour sommet un même point extérieur au plan [sommet de la pyramide] ; et un côté commun avec les côtés du polygone. On nomme également *pyramide* le solide limité par ce polyèdre. Le polygone est la *base* de la pyramide, et la pointe en est le *sommet*. La *hauteur* d'une pyramide est la distance du sommet au plan de la base.

Les pyramides sont des constructions baptisées d'après leur forme et bâties notamment en Egypte antique. La pyramide égyptienne, selon les thèses des égyptologues, est la *demeure d'éternité* du pharaon et recouvre ou renferme son caveau et diverses salles, parfois ornées. Elle fait partie d'un ensemble qui regroupe des aménagements pour la religion et les sépultures des monarques et des nobles.

L'*Ancien Empire* [environ 2600-2180 av. J.C.] caractérise les grandes pyramides dont la première, d'après les spécialistes, est celle de Djoser [IIIe dynastie, vers 2660 av. J.C.] à *Saqqarah*, en forme de massif à degrés. A partir du roi Snefrou [IVe dynastie, vers 2600 av. J.C.], un revêtement dissimule les degrés. La première pyramide lisse ou rhomboïdale, montre une modification d'inclinaison à mi-hauteur.

Les travaux de construction des pyramides exigent, selon les Égyptologues, de grandes aptitudes en matière d'*architecture* et de *génie* ; ainsi que l'organisation d'une main-d'œuvre considérable composée d'artisans et d'ouvriers hautement qualifiés. Excepté les pyramides, les édifices égyptiens sont décorés de peintures, d'effigies sculptées en pierre, d'hiéroglyphes et de statues tridimensionnelles. L'art peint les pharaons, les dieux, le monde naturel [plantes, oiseaux et animaux].

Comment les anciens Egyptiens ont pu édifier ces constructions massives en se servant d'outils « primitifs » ? Pour les scientifiques, cela reste un mystère !

Les surprenantes pyramides d'Egypte sont certainement une des grandes merveilles architecturales du monde.

La construction des pyramides demeure un des plus anciens mystères entourant l'Egypte ancienne. Comment des « humains » ont-ils pu déplacer des blocs de pierre aussi massifs en ne se servant que d'outils rudimentaires ? Les Egyptiens ont laissé des milliers d'illustrations représentant la vie quotidienne sous l'Ancien Empire. Chose extrêmement curieuse, aucune ne montre comment les pyramides ont été édifiées !

Selon les égyptologues, les pyramides sont des « *tombeaux* », des monuments de pierre à quatre faces qui représentent la montagne sacrée, le combat universel de l'humanité pour accéder aux cieux [!]. En d'autres termes, le but premier de la construction des pyramides est l'objet d'une conviction ancienne : l'élévation de l'esprit humain vers les dieux.

Les pyramides de Guizèh, situées à l'Ouest du Caire sont entourées de pyramides plus petites, de *mastabas* [sépultures de nobles et de courtisans], de temples funéraires, de rampes processionnelles et du *grand Sphinx*.

Plusieurs théories ont été proposées pour expliquer la construction des pyramides, mais aucune n'est satisfaisante. En effet, personne ne sait comment celles-ci ont été érigées et surtout qui les a érigées et pourquoi ? Le mystère de l'Egypte ancienne demeure !

Les scientifiques postulent que les pyramides sont bâties par de grandes équipes d'ouvriers sur de longues périodes. L'ère des pyramides s'étale depuis la *IIe dynastie* jusqu'à la *Deuxième Période intermédiaire* [mille ans]. Ainsi, d'après les spécialistes, 20000 hommes ont été nécessaires pour exécuter l'ouvrage de la pyramide de Khéops. D'autres auteurs annoncent un chiffre de 100 000 ouvriers très qualifiés [aucun esclave] !

La grande base carrée de la pyramide garantit une structure très stable. Diverses observations astronomiques ont été réalisées pour aligner ses coins avec les quatre points cardinaux. Approximativement 80 % des matériaux de construction se situent dans sa moitié inférieure. Conséquemment, très peu de blocs de pierre se hissent jusqu'aux niveaux supérieurs. Les pyramides sont des chefs-d'œuvre d'ingénierie. Diverses théories sur leur construction sont proposées, mais aucune explication n'apparaît satisfaisante.

B - Les pyramides de Guizèh

1 - Guizèh

Les plus célèbres pyramides d'Egypte se situent en bordure du désert sur les hauteurs d'un *plateau*, à une dizaine de kilomètres au Sud-Ouest du Caire. Culminant à quelques dizaines de mètres au-dessus du niveau du Nil, ce plateau mesure approximativement 2000 mètres d'Est en Ouest et 1500 mètres du Nord au Sud. A cet endroit, se tiennent les trois célèbres pyramides que les égyptologues ont baptisé *Kheops*, *Khephren* et *Mykérinos* ainsi que le *Sphinx*.

Innombrables sont les égyptologues et autres scientifiques qui ont étudié ce lieu chargé de secrets et d'énigmes. En effet, ce plateau reste bien un mystère en ce qui concerne les formes, les proportions, les emplacements relatifs des monuments, etc.

Toutes les théories se bousculent, mais il est certain, que l'analyse mathématique de la disposition et de la morphologie montre une réalité palpable. Ces monuments sont la signature d'un équilibre dissimulée pour le simple observateur [l'alignement absent des trois pyramides sur une diagonale ou l'agencement du Sphinx].

Les scientifiques observent que sur le plateau de Guizèh aucune ombre des trois pyramides n'empiète sur l'une d'elles et cela, quel que soit le moment de la journée ou le jour de l'année !

D'après certaines fouilles, on pense que depuis les temps les plus reculés, l'immense plateau de Guizèh sert de « *nécropole* ». Le site a toujours été un lieu saint et à certaines époques, il devient le but de pèlerinages religieux. Tous les écrits et les narrations des observateurs expriment un effroi en présence des trois grandes pyramides, de leur masse singulièrement *inhumaine*, de leur proportion qui dépasse la perception.

Les pyramides les plus célèbres ont été édifiées, toujours selon les égyptologues, par les pharaons *Kheops* [-2590 à -2565 av. J.C. - en égyptien *Khoufou*], *Khephren* [-2558 à -2533 - en égyptien *Khafré*] et *Mykérinos* [-2532 à -2515 av. J.C. - en égyptien *Menkaourê*].

Il existe beaucoup de spéculations concernant leur construction. Voyons les hypothèses qui ont été avancées et évitons de nous étendre sur les conjectures les plus farfelues.

FICHE TECHNIQUE DES PYRAMIDES DU PLATEAU DE GUIZEH

	KHEOPS	KHEPHREN	MYKERINOS
Dynastie	IV	IV	IV
Hauteur	146 mètres	143,50 mètres	65 mètres
Base	230 mètres	215 mètres	102,20 x 104,60 mètres
Poids	6 millions de tonnes	Inconnu	Inconnu
Surface couverte	5 hectares	Inconnue	Inconnue
Volume	2,5 millions m^3 de pierre, certains blocs pèsent 15 tonnes.	1,6 millions m^3	266 000 m^3

2 - *Pyramide de Kheops*

La grande pyramide de *Kheops*, la plus grande des trois pyramides à Guizèh, contient 2,5 millions de blocs de calcaire massif d'un poids moyen de 2,5 tonnes. La structure toute entière est revêtue d'un remarquable calcaire[52] blanc poli arraché - d'après les égyptologues - aux collines de Toura, sur la rive opposée du Nil. A l'origine, la grande pyramide atteint une hauteur de 146,6 mètres, avec une base de 230,3 m². Les pierres du sommet [*pyramidions*] de toutes les pyramides sont en granit dur poli.

a - Construction de l'édifice

Vers 2650 av. J.C., selon les égyptologues, Kheops construit le plus considérable bâtiment de l'histoire humaine. Il s'agit d'un effrayant amoncellement de blocs de calcaire, dont chacun possède un volume de 2 m² et une masse de 3 à 4 tonnes. L'édifice mesure 230 mètres de côté [cinq hectares de surface] et culmine à 147 mètres de hauteur. Il totalise donc plus de 2,5 millions m³ et 6 millions de tonnes de matériaux. Les scientifiques avancent que le transport de ces masses colossales s'est réalisé sans l'aide de la roue, mais par des rouleaux et des traîneaux en bois. Le transfert des blocs de calcaire s'effectue sur des plans inclinés, grâce à la propriété lubrifiante qu'a le limon mouillé [!].

---

[52] Le *marbre* est une roche dérivée du calcaire qui a subi un *métamorphisme*. Ce matériau très prisé a été enlevé au XVIe siècle afin de servir à la décoration des mosquées du Caire.

Les flancs de ces pyramides, à l'origine, ont été agrémentés d'un revêtement lisse et poli soulignant le *symbolisme* de la forme triangulaire reliée à celle du faisceau des rayons solaires, établissant ainsi, une sorte d'échelle reliant terre et ciel [!]. En plus de l'énorme pyramide, avec ses galeries et ses salles sépulturales, ses tunnels et ses pièces au trésor, des éléments annexes s'y trouvent. Il s'agit du temple haut, édifié au pied de la montagne artificielle et du temple bas, dans la vallée, reliés par une chaussée autrefois couverte, mesurant 500 mètres de longueur.

Cet ouvrage aux proportions écrasantes est-elle une entreprise collective réunissant la population entière à la renaissance du *roi dieu* ? On stipule que cette vocation de salut reste la meilleure preuve de la *ferveur* qu'ont les sujets du *pharaon dieu* à aménager leur tombe autour de la pyramide, cherchant ainsi une ultime protection !

Les scientifiques postulent maladroitement que la construction de la pyramide de Kheops débute d'abord par une succession de degrés [*crossai* ou *bomides*]. Lorsque la pyramide s'est érigée sous cet aspect, on hisse le reste des pierres grâce à des « *machines* » fabriquées avec des morceaux de bois courts. On les relève de terre à la première assise des degrés. Puis, lorsque la pierre est placée dessus, on la remet dans une autre machine installée sur la première assise. Enfin, de cette première assise, le bloc de pierre est conduit à la seconde assise et mise sur une autre machine. Ainsi, autant de machines sont placées sur autant d'assises de degrés. Peut-être qu'une même et unique machine aisément transportable est installée régulièrement sur chaque assise, dès que la pierre est retirée ?

Il faut souligner que pour édifier ces ouvrages, il faut encore compter la durée du travail pour l'extraction des pans de roches, du temps consacré à la taille des pierres, de leur transport, de creuser le canal souterrain, etc. !

b - Le Pharaon Kheops

Aucun texte ne se rapporte au personnage de *Kheops* [ni d'ailleurs à *Khephren* et à *Mykérinos*], mais les égyptologues lui tracent une généalogie et une fiche d'état civil. Selon eux, *Kheops*[53] [-2538 à –2516, en égyptien *Khoufoui*] est le fils de Snefrou et de la reine Hetep-Heres. Kheops[54] règne sur l'Egypte vingt-deux années mais les documents sur sa vie et son règne demeurent une énigme [*sic*] !

Néanmoins, les égyptologues considèrent que durant son autorité, il contrôle scrupuleusement les appareils de production de son prédécesseur, aussi bien à l'intérieur qu'à l'extérieur [Sinaï, carrière de diorite de Nubie] du pays. Dès lors, il peut bâtir la grande pyramide de Guizèh et son « *temple funéraire* ». A sa mort, son frère *Khephren* [un autre mystérieux personnage] lui succède et lui aussi édifie une pyramide, qui n'atteint toutefois pas les dimensions de celles de son frère !

c - L'édifice

Pendant plus de 40 siècles, la pyramide de Kheops a été le plus haut monument de la planète dont la hauteur

---

[53] W. HÖNIG, « Die 9 (neun) götter von Heliopolis in der Cheospyramide, N°33 »

[54] T. KERISEL « Génie et démesure d'un pharaon, Kheops »

totale est de 146,60 mètres à l'origine [137 m actuellement] et un peu plus de 230 mètres de côté à la base. Des blocs de calcaire poli de Tura [au sud du Caire] la recouvraient intégralement. Ces masses rocheuses minutieusement ajustées lui conféraient un aspect étincelant. Les bâtisseurs agencent trois « *salles* » dans la pyramide : une souterraine et deux autres dans la masse du monument.

Selon les spécialistes, ce travail titanesque qui a mobilisé des dizaines de milliers d'hommes, voire une centaine de milliers, réunissant tous les corps de métiers pendant plus de vingt années est tout simplement inconcevable !

- *Coupe de la pyramide de Khéops*

La fiche technique de la coupe de la Grande Pyramide est établie par les égyptologues. Ces derniers baptisent les différentes structures à la légère. Leurs indications sont arbitraires et sont sujettes à controverses.

- *Entrée*

L'entrée de la pyramide débouche sur la face Nord, à une quinzaine de mètres de la base avec un intervalle d'environ 7 mètres à l'Est de l'axe Nord-Sud. L'ouverture est surmontée de deux linteaux de 2,50 mètres et 1,50 mètre de hauteur, puis d'une voûte en madriers.

- *Couloir descendant*

L'entrée accède au couloir descendant, de 1,20 mètre de hauteur et de 1,05 mètre de largeur qui s'enfonce en pente, suivant un angle de 26°, dans la pyramide sur une longueur de 103 mètres. Il évolue horizontalement sur quelques mètres et aboutit à la salle dite « *inachevée* ».

- *Couloir ascensionnel*

Après le début du couloir descendant, à 20 mètres, commence le couloir ascensionnel de près de 40 mètres de longueur. Sa pente est de 27° par rapport à l'horizontale. Identique au couloir descendant, sa hauteur est de 1,20 mètre et sa largeur dépasse légèrement 1 mètre.

- *Chambre de la Reine*

Dénommée ainsi par les égyptologues pour une raison inconnue, la chambre est parfaitement établie dans l'axe de la pyramide. Le niveau de son sol se situe à 21 mètres au-dessus de la base de la pyramide. De 6,20 mètres de hauteur, sa largeur de 5,20 mètres et sa longueur de 5,70 mètres. A l'inverse de la chambre du Roi, elle ne dispose pas d'instruments de protection.

- *Grande galerie - salle des herses*

Elle commence à la suite du couloir ascendant. De 47 mètres de longueur, sa hauteur atteint 8,50 mètres tandis que sa largeur est égale à celle du couloir qui la précède. Se rétrécissant jusqu'à la voûte, une banquette latérale parcourt chacune des deux parois. Entre la chambre du Roi et le bout de la grande galerie, la salle des herses sert à condamner l'entrée à cette première. Trois herses de granit, jamais perçues, devaient empêcher le passage quand elles sont en position basse. La présence de ses herses demeure une interrogation.

- *Chambres de décharge*

Succession de cinq chambres, disposées séparément par des dalles de granit établissant ainsi sol et plafond, et d'une voûte en madriers, le tout, installé au-dessus de la chambre du Roi. La dalle la plus volumineuse pèse 60 tonnes. On atteint la première des chambres par un petit passage en haut de la grande galerie.

C'est à l'intérieur de deux de ses pièces que les égyptologues affirment avoir découvert la seule inscription mentionnant Khéops !

Selon les scientifiques, le but d'un tel dispositif est d'atténuer la pression pratiquée sur la chambre du Roi, en déviant les forces à l'extérieur du plan horizontal de cette chambre.

Toutefois, de nombreuses questions subsistent encore. En effet, si l'unique objectif est l'*atténuation* de la chambre du Roi, pourquoi ne pas avoir utilisé uniquement des madriers [comme dans la chambre de la Reine] ?

Les architectes ont-ils désirés par l'entremise de madriers ajuster à plus de quinze mètres au-dessus du niveau du plafond de la chambre du Roi, produisant de ce fait une zone protégée des forces, diminuer une autre hypothétique salle située un peu au Nord de la chambre du Roi, donc dans l'axe précis de la pyramide ?

- *Conduits « célestes [astraux] »*

Deux conduits émergent à l'air libre sur les deux faces distinctes de la pyramide et partent des murs Nord et Sud de la chambre du Roi. Le conduit du Nord sillonne plus de 70 mètres et celui du Sud 50 mètres. Aucune signification quant à ces couloirs.

Selon certains auteurs, ils symbolisent le pouvoir du Roi défunt de monter au ciel et d'en redescendre. Ainsi, l'âme du Pharaon parcourt le couloir vers le firmament [direction astrale précise] afin de s'identifier au dieu soleil.

D'autres avancent que le « *couloir céleste* » évoque la direction de la constellation d'Orion qui se situe sur l'équateur céleste à l'Est de la constellation du Taureau. Cette dernière est une importante constellation boréale, représentée par l'avant-train d'un taureau. C'est une constellation zodiacale, c'est-à-dire établie sur l'écliptique qui est l'itinéraire annuel apparent du Soleil dans le ciel. La constellation d'Orion est allongée avec trois étoiles alignées près de son centre. Dès lors, les auteurs soutiennent que vu du ciel, les pyramides du plateau de Guizèh représentent les trois étoiles de la constellation d'Orion.

L'âme du Pharaon défunt rejoint par le couloir céleste le dieu soleil pour une ultime communion. La direction de la constellation d'Orion sert de guide.

Les scientifiques observent que le conduit Nord, n'est pas rectiligne dans sa première partie, mais qu'il subit certaines déviations successives, comme si on a prescrit dès l'origine d'éviter un obstacle ! De plus l'encastrement des blocs au millimètre près démontre que les conduits ont été pratiquement découpés dans la masse pyramidale ! Un peu comme si on perçait la pyramide, une fois qu'elle est achevée !

- *Chambre « inachevée »*

« *Forée* » dans le rocher, elle se place à 30 mètres au-dessous de la base de la pyramide. Elle a une hauteur de 3,50 mètres, une largeur de 8 mètres et longueur de 14 mètres. Dans son angle Sud-Est, il existe une petite galerie, une impasse, qui s'enfouit horizontalement vers le Sud.

- *Couloir horizontal*

A l'extrémité supérieure du couloir ascensionnel commence le couloir horizontal qui conduit, 38 mètres plus loin, à la chambre de la Reine. Haut d'environ 1,10 mètre sur les 33 premiers mètres, le sol diminue et sa hauteur aboutie à 1,70 mètre jusqu'au commencement de la chambre.

- *Puits*

A l'extrémité supérieure du couloir ascensionnel s'amorce le « *puits* » qui s'engage verticalement pour s'achever, 60 mètres plus loin, dans le couloir descendant, juste avant la chambre « *inachevée* ». Il s'agit d'un conduit étroit excavé dans la roche sur ses 35 premiers mètres inférieurs, ensuite édifié à travers les assises de la pyramide.

- *Chambre du « Roi »*

Longue de 10,45 mètres, large de 5,25 mètres et haute de 5,85 mètres, le niveau de son plafond est parfaitement établi à un tiers de la hauteur originelle de la pyramide. Passant par le centre, elle est décalée de plus de 9 mètres sur un plan horizontal Est-Ouest. Cette chambre est en granit rouge d'Assouan et son plafond horizontal est composé de neuf poutres unies pour une masse totale de 400 tonnes ! Selon les égyptologues, on découvre une sorte de cuve [sans couvercle] en granit au Sud de la chambre.

d - Monuments auxiliaires

- *Temple funéraire*

Le « *temple funéraire*[55] » se situe au centre de la face Est de la pyramide. Il mesure 50 mètres du Nord au Sud et environ 40 mètres d'Est en Ouest. Une allée [disparue maintenant] joint ce temple haut au temple bas fixé dans la vallée. Il est certainement postérieur aux pyramides.

- *Pyramides annexes*

Trois petites pyramides annexes de 40 mètres de côté se discernent au pied de la face Est de la pyramide. Elles disposent chacune d'un sanctuaire [abîmé sur sa face Est]. Probablement la pyramide située au Sud est allouée à la reine Henoutsen assimilée à la déesse Isis.

- *Bassins naviformes*

Au Nord, au Sud du temple et au côté Nord de l'allée, se présentent trois bassins *naviformes* creusés dans le sol d'une longueur atteignant 50 mètres.

---

[55] Encore une fois, tout ou presque est funéraire, nécropole, sépulcral pour les égyptologues !

Deux autres réservoirs [bassins, cuves], au pied de la face Sud de la pyramide sont découverts [en 1954] dont l'un contient une barque désassemblée de bois d'une longueur de 43 mètres. D'après les croyances, cette barque sert au Roi défunt comme moyen de transport pour escorter le soleil dans ses voyages diurnes et nocturnes. Le second réservoir situé à l'extrémité Ouest de la face Sud reste encore enseveli sous les dalles de calcaire aménageant le pavage au pied de la pyramide.

SCHEMA - COUPE DE LA PYRAMIDE DE KHEOPS

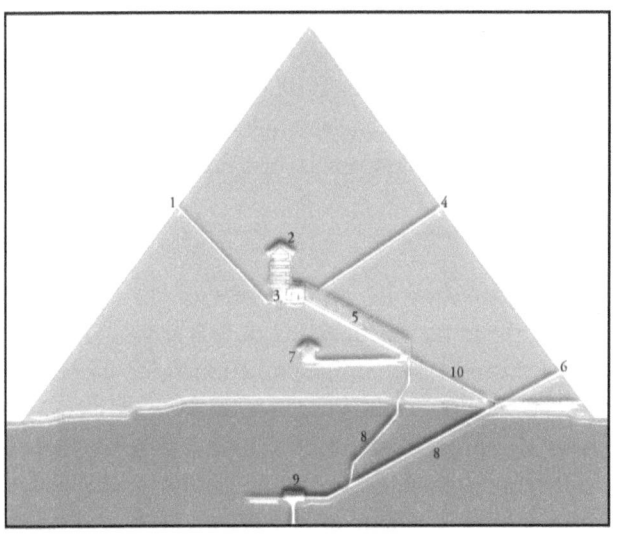

1 : Conduit « *céleste* » [astral] - 2 : Chambre de « décharge » - 3 : « Chambre du roi » - 4 : Conduit « *céleste* » [astral] - 5 : Grande galerie - 6 : Entrée - 7 : « *Chambre de la Reine* » - 8 : Issue « secondaire » - 9 : « *Chambre* » souterraine - 10 : Couloir ascensionnel - 11 : Couloir descendant

MENSURATION DE LA PYRAMIDE DE KHEOPS

Base carrée	230 m [232 m à l'origine]
Hauteur	137 m [146 m à l'origine]
Angle de pente	51,52 degrés
Volume	2.600.000 m3
Poids	7.500.000 tonnes
Nombre d'assises	plus de 200

Le degré de perfection apporté à l'élaboration de la pyramide de Kheops démontre par exemple :

- une orientation parfaite en fonction des quatre points cardinaux [la différence est de 5']
- un écart du nivellement, entre deux points opposés, n'est jamais supérieur à 5 millimètres.

3 - Diverses théories

D'après une théorie, des chaussées servent à monter les blocs de pierre sur des traîneaux de bois le long des flancs de la pyramide. Les rampes sont aspergées d'eau pour diminuer le frottement lorsqu'on déplace les blocs. On dispose de plusieurs rampes de chaque côté de la pyramide à différents niveaux ; une rampe monte graduellement tout autour de la pyramide. Aussitôt qu'un bloc de pierre atteint le niveau souhaité, on utilise des bascules de bois pour l'installer à sa place.

Selon une autre hypothèse, une grue de bois équipée d'un contrepoids à une extrémité sert à hisser les blocs d'un niveau à l'autre. Cette théorie est désavouée, car les

Egyptiens ne possèdent pas d'arbres suffisamment solides pour ce genre d'activité.

La masse moyenne des blocs de pierre servant à édifier la grande pyramide de Guizèh s'estime à 2,5 tonnes. Sous l'effet d'une masse aussi colossale, une grue de bois se brise assurément avant même qu'on ne soulève le bloc. Une opinion différente suggère l'utilisation de poulies pour monter les blocs sur les rampes et de pivots pour les placer. Cette proposition se heurte à divers problèmes comme les forces de frottement, les inclinaisons, la fixation, la résistance des poulies, etc. Il faut souligner que la démographie urbaine égyptienne, à l'instar des autres sociétés antiques, ne représente pas des centaines de milliers d'individus ou des millions ; loin de là, les villes les plus importantes de l'Egypte antique [Thèbes, Memphis, Pi-Ramsès, Abydos, Héliopolis, etc.], en étant large, ne dépassent pas une dizaine de milliers d'habitants !

L'Egypte renferme très peu d'esclaves. La pyramide est, à l'instar d'un édifice religieux comme le temple, considérée comme un sanctuaire où la pureté rituelle est de rigueur. Seuls la nation égyptienne libre pouvait s'adonner à l'érection de la pyramide. De ce fait, les esclaves étaient proscrits des travaux d'édification des monuments à connotation religieuse, car les esclaves sont considérés comme impurs. Les égyptologues soutiennent que les paysans doivent donc contribuer pendant un certain nombre de semaines chaque année à des activités de construction tels que l'érection de pyramides. Ainsi, on dispose d'un personnel rémunéré. Le salaire perçu à élever les gigantesques pyramides complète le revenu de la famille.

Les pyramides ne sont pas isolées mais intègrent, selon les égyptologues, un « *complexe funéraire* ». Ce dernier se compose d'une chaussée processionnelle unissant un temple funéraire à la pyramide, des barques solaires enfouies sur les quatre côtés de la pyramide, des mastabas ainsi que des pyramides plus petites où la famille du roi et des nobles est *enterrée*.

La pyramide édifiée par le roi Sahourê [2491-2477 av. J.C.,], dans l'Ancien Empire, est la plus grande des trois pyramides d'*Abousir*. Actuellement, il ne subsiste qu'un amas de décombres. Toutefois le *temple funéraire* de la face orientale reste visible avec ces colonnes palmiformes en granit rouge et les hiéroglyphes gravés sur les massifs blocs de granit, dévoilant le nom et les titres du roi.

Les égyptologues insistent sur le fait que les pharaons doivent avoir été forcément ensevelis dans une pyramide alors qu'aucune trace d'un quelconque défunt [fusse même une gravure] n'a pu être décelé dans aucun de ces monuments !

a - Questions embarrassantes

A la vision de cette montagne de pierre qu'est la Grande Pyramide de Kheops, les questions abondent ! *Qui l'a conçue ? Qui l'a construite ? A quoi sert-elle ? Pourquoi est-elle là ? Qu'y a-t-il à l'intérieur ?…*

Le « *génie* » de ces architectes s'exprime principalement dans la structure complexe édifiée au-dessus de la

« *chambre funéraire* ». Celle-ci est désignée *chambres de décharge*. Cinq creusements successifs [quatre constitués de dalles plates et un avec un toit abrupt] sont empilés juste au-dessus de la chambre royale. Cet entassement est en réalité un procédé ingénieux pour répartir la masse phénoménale des pierres et éviter l'écrasement de ce que l'on appelle *sarcophage*. La grande galerie de la grande pyramide de Khéops, longue de 47 mètres, possède un couloir voûté qui grimpe vers le cœur de la pyramide selon un angle de 26°. On rapporte, selon les sources ô combien récusables de l'hypothétique *Hérodote*[56], que sa construction a exigé le travail d'environ 100 000 individus pendant vingt à vingt-cinq ans. De plus, aucun esclave n'œuvre mais des travailleurs qualifiés et des paysans qui s'activent par roulement suivant les périodes de l'année.

Lorsque l'on sait que de nos jours, avec les moyens technologiques et humains il est impossible de gérer une centaine d'employés du bâtiment et de les faire œuvrer dans un chantier sans une logistique des plus draconiennes !

L'ouvrage colossal, qu'est l'érection de la pyramide, s'est effectué sans l'aide d'animaux de trait, ni d'attelage à roue. La pierre et les outils de cuivre représentent l'unique matériel.

Ces ouvriers égyptiens positionnent les gigantesques blocs avec une telle précision que bien souvent, l'espace entre deux masses ne dépasse pas un demi millimètre !

---

[56] NAS E. BOUTAMMINA, « Comprendre la Renaissance - Falsification et fabrication de l'Histoire de l'Occident », Edit. BoD, Paris [France], avril 2015. 2ᵉ édition.

- *Cocktail d'hypothèses*

On ignore encore précisément quel est le procédé de construction adoptée mais l'hypothèse la plus communément admise est la *rampe de terre*. Cette dernière monte autour de l'édifice, se poursuivant toujours plus haut et permettant de ce fait aux ouvriers d'ajuster les pierres jusqu'à la cime. Les rampes, d'après les égyptologues, pouvaient être en briques crues, gypse, calcaire ou argile.

Aucune trace de briques crues ne s'aperçoit à Guizèh. Il persiste beaucoup d'interrogations obsédantes ! *Qu'a-t-on réellement découvert à l'intérieur des pyramides ?*

Innombrables sont les hypothèses[57] concernant l'édification des monuments égyptiens et notamment celle des pyramides de Guizèh[58]. Véhiculées par les média, les suppositions les plus farfelues circulent [Cyclopes, Extra-terrestres, Géants, Atlantes, etc.] à propos de leurs auteurs et des procédés utilisés.

On rapporte qu'une étude géométrique montre que les trois pyramides de Guizèh sont peut-être érigées par la même personne. La recherche de l'*Etalon de Mesure Essentiel* déboucherait peut-être sur de nouvelles perspectives sur la Grande Pyramide. Que la Pyramide se base sur l'étude du motif de l'*Œil d'Horus*. Ainsi, une

---

[57] G. GOYON, « La chaussée monumentale et le temple de la vallée de la pyramide de Khéops »
[58] J.P. LAUER, « Remarques sur la planification de la construction de la grande pyramide, à propos de « the investment process organization of th Cheops pyramids» par Wieslaw Kozinnnski »

étude géométrique du plateau de Guizèh suggère des structures souterraines[59].

Une étude postule que les pyramides de Guizèh semblent être alignées selon le motif du *point de fuite*. Une autre étude propose l'alignement des pyramides aux *points cardinaux*[60]. La thèse orthodoxe des autorités archéologiques et des antiquités égyptiennes - et par là de l'ensemble de la communauté internationale d'Egyptologie - est la suivante.

La seule et unique explication des pyramides est celle relative aux Egyptiens et à eux seuls ; ils sont un peuple si intelligent et si savant qu'à l'aide de leur science et de leur technologie, ils ont été les auteurs des Pyramides du plateau de Guizèh !

Toute position hétérodoxe laisse sceptique les tenants de la pensée unique. Et cela, même si elle est aussi pertinente que la version officielle, celle fixée par le secrétaire général du *Conseil suprême des Antiquités égyptiennes*.

° *Construction*

Certains suggèrent que les anciens Egyptiens utilisent un procédé pour désagréger le calcaire et le ré-agréger en blocs. Une revue scientifique internationale de référence[61],

---

[59] H. RICKE, « Der harmachistempel des Chefren in Giseh »
[60] P.F. O'MARA, « Can the Giza pyramids be dated astronomically ? Logical foundations for an Old Kingdom astronomical chronology »
[61] « *Journal of the American Ceramic Society* - 30/11/2006 »

a publié les résultats d'une recherche scientifique[62] effectuée sur des pierres des pyramides d'Égypte. La théorie soutenue par J. Davidovits[63] selon laquelle ces pierres seraient artificielles et faites d'un calcaire aggloméré comme un béton et coulé sur place[64]. Une théorie se base sur l'utilisation de rampes latérales[65]. On avance que le vent a été utilisé pour la construction des monuments mégalithiques dans l'antiquité.

J-P. Houdin[66] soutient que la pyramide de Kheops a été construite grâce à une rampe intérieure[67]. Les constructeurs se seraient servis d'une rampe intérieure en spirale pour bâtir la partie haute. L'auteur de cette théorie a même procédé à la reconstitution virtuelle, en trois dimensions, du « *chantier de Kheops*[68] ». Une question se pose tout de même.

Comment un architecte du XXIe siècle formé par la science et la technologie moderne et aidé des outils de l'informatique puisse imaginer qu'un bâtisseur égyptien de

---

[62] M. W. BARSOUM, A. GANGULY & G. HUG, [2006], Microstructural Evidence of Reconstituted Limestone Blocks in the Great Pyramids of Egypt, *Journal of the American Ceramic Society* 89 (12), 3788- 3796

[63] J. DAVIDOVITS, « *Ils ont bâti les pyramides* », Ed. J.C. Godefroy, Paris [sept. 2002].

[64] J. DAVIDOVITS, « *La Nouvelle Histoire des pyramides* », Ed. J.C. Godefroy, Paris, (oct. 2004)

[65] J.P. LAUER, « Le temple funéraire de Khéops à la grande pyramide de Guizèh »

[66] J-P. HOUDIN & H. HOUDIN, « *La pyramide de Khéops* », Edit. Du Linteau Eds, 2003.

[67] « Libération - 2 avril 2007 »

[68] J-P. HOUDIN, « *Khéops, les secrets de la construction de la grande Pyramide* », Edit. Du Linteau Eds, 2006.

l'Antiquité [si bâtisseur égyptien il y a] ait pu raisonner ou spéculer comme notre auteur, rappelons-le, un architecte du XXIe siècle ?

Que nous démontre la théorie de l'architecte ? Qu'une technique a été utilisée afin d'ériger les pyramides. Cela, personne n'en doute, car il a bien fallu que les auteurs des constructions du plateau de Guizèh se soient servis d'une technique [ou d'un ensemble de techniques] sophistiquée.

Mais cette technique [théorie de J-P Houdin] ou une autre ne prouve qu'une chose : *on* a érigé les pyramides, mais rien dans cette théorie ne vient étayer l'hypothèse que ce soit l'homme [Égyptiens, Imhotep, etc.] qui en est l'auteur. Ainsi, la question demeure entière.

Qui a érigé les grandes pyramides et pourquoi ? Là est la véritable problématique beaucoup plus sérieuse que l'interrogation : comment ont été érigés les pyramides de Guizèh !

° *Mythe de l'Atlantide*

La chambre secrète qui est supposée receler les secrets des Atlantes.

° *Les Extraterrestres*

On prétend qu'un modèle cosmologique codé est enfermé dans la Grande Pyramide, ainsi qu'une théorie selon laquelle les pyramides égyptiennes ont été édifiées par des extraterrestres.

° *Spéculations diverses*

Une étude suggère l'utilisation d'appareils sophistiqués par les Anciens Egyptiens. D'autres pensent que la Grande Pyramide serait une gigantesque pompe à eau.

- *Existence d'autres pyramides*

Des pyramides copiant le prototype égyptien existent à travers le monde. Ainsi, les ruines de la pyramide de Teotihuacan, d'El Castillo, au Mexique, sont toujours présentes, ainsi que les buttes pyramidales en Chine et au Japon, les pyramides des îles Canaries.

Enfin, les *Ziggourats*[69] désignent également une tour de forme pyramidale à étages qui constitue la forme la plus courante des édifices religieux en Mésopotamie et en Perse.

b - Procédure de construction de la pyramide de Kheops

Les égyptologues pensent que les blocs de pierre qui pèsent jusqu'à vingt-cinq tonnes sont déplacés sur une pente douce et régulière. Un changement même minime de la pente a pour effet un bouleversement du chantier et une obligation d'ajustement humain permanent.

---

[69] Construites entre 4000 et 600 av. J.C. à l'aide de briques crues recouvertes de briques cuites, les ziggourats possèdent plusieurs niveaux décalés en gradins et sont pourvues d'un escalier extérieur qui offre un accès au temple ou au sanctuaire situé au sommet de la tour. La plus célèbre ziggourat est celle de Etemenenki qui dépendait au temple de Marduk à Babylone.

Au vu du volume à tirer, l'effort individuel de traction doit être soumis à un calcul constant du nombre de blocs pour pallier aux aléas [cordes cassées, réduction des équipes, mauvaise évaluation de la charge, etc.].

Les forces de frottement doivent être sensiblement supérieures à celles de réaction. A l'arrêt, le bloc doit s'immobiliser et ne pas être entraîné par son poids. On avance que sur le sol, deux rondins, la petite section vers le bas et vers l'extérieur, servent de rail.

La pente devait être assez large pour admettre la montée et aussi le mouvement de retour et d'intendance. On devait supprimer la pente à reculons en rétablissant par le haut, la configuration définitive de la pyramide.

Par de savantes opérations, les scientifiques vont jusqu'à calculer l'effectif, le temps de déplacement d'un bloc de pierre, la durée de la construction, etc., *comme s'ils étaient présents*. Rappelons-le, aucun document hiéroglyphique ou iconographique ne fait état de l'édification de ces pyramides !

FICHE TECHNIQUE DE LA GRANDE PYRAMIDE

Distance de base au sommet	2000 m
Temps de traction d'un bloc au sommet	2 heures
Nombre de blocs par équipe de 40 par jour	4
Nombre de blocs	5200000 : 10 T = 520000 blocs
Effectifs	520000 : 20 ans = 20 équipes de 40 individus = 800 individus pour tracter

On avance que beaucoup de corps de métiers sont employés : des *architectes*[70] [en réalité bâtisseurs] dont les plus célèbres, d'après les égyptologues, paraissent avoir été Ankh-Haeff et Hemiounou ; puis des spécialistes dans divers domaines : astrologues, arpenteurs, tailleurs de pierre, guérisseurs, artistes, sculpteurs, ébénistes, etc., ainsi que les prêtres qui jouent un rôle essentiel et les scribes attachés administratifs et consignant divers notes en rapport avec les travaux et réalisations par écrit. Paradoxalement, ces documents n'existent pas !

Il est probable, selon les égyptologues, que le cuivre est utilisé à la conception de divers outils affectés à la taille des blocs de pierres tendres ! Quant à ceux de forte dureté, le cuivre a peut-être supporté divers changements destinés à le durcir. D'autres matériaux sont aussi employés pour la fabrication des outils, tels que le bois, le basalte, la diorite ou la pierre elle-même.

Le cuivre [Cu^{29}] est un métal de dureté médiocre, très flexible et très ductile. *Découper des pans entiers de parois rocheuses ; en tailler 520 000 blocs de pierre de dix à vingt-cinq tonnes selon une géométrie parfaite avec comme seul matériel du cuivre relève d'un imaginaire extrêmement débordant !*

Toujours selon les égyptologues, le transport des blocs, provenant loin du plateau de Guizèh, s'effectue par

---

[70] *Architecte* est un terme impropre, car l'*architecture* ne prend son sens véritable qu'au XVIIIe siècle. De même que les principales Sciences qui naissent vers le IXe siècle dans le monde musulman sous la férule des savants perso-berbéro-andalous [*Civilisation de l'Islam Classique*].

embarcation. Conduire ces massifs blocs lithiques sur le bateau, puis de les hisser afin de les diriger sur le site relève de l'exploit. Certains monolithes, tels que la quarantaine de poutres présentes dans la « *chambre du Roi* », pèsent plus de 10 tonnes [les plus volumineuses ont une masse de 60 à 200 tonnes] et proviennent du Sud à quelque 1000 km de distance !

On soutient qu'à l'aide de traîneaux en bois où sont placés des rondins, aussi en bois, dont les patins sont alors lubrifiés le long du parcours ; des centaines de personnes se relaient pour le déplacement de telles charges. La même technique est utilisée pour monter les blocs au pied du chantier !

N'oublions pas que le sol égyptien est composé uniquement du sable du désert qui forme un paysage de dunes. La mobilité sur un sol sablonneux est téméraire pour la marche d'un humain. Que dire du mouvement de mégalithes de 10 à 60 tonnes posés sur des traîneaux et glissant sur des rondins de bois !

Le fait de déplacer d'imposants blocs même disposés directement sur les traîneaux en recourant à des rondins entraîne fatalement leur broyage sous la charge.

L'Egypte ne dispose pas d'arbres dont le bois est assez dur et donc résistant à des pressions titanesques et surtout en quantité suffisante [au cas où on l'importe]. Les palmiers sont les principaux arbres du paysage égyptien.

Pour la traction, les cordes utilisées sont confectionnées à partir du papyrus [végétal mesurant de 1 à 3 mètres qui possèdent un rhizome ligneux], par torsades successives jusqu'à parvenir au diamètre et à la robustesse indispensables au tractage.

Pour élever la pyramide, il est essentiel d'éviter un chaos en ce qui concerne la logistique et l'administration du personnel [gestion alimentaire, sanitaire, habitat, évacuation des déchets, transport du personnel, de marchandises et du matériel de construction, etc.]. Conjointement aux missions d'extraction, d'expédition des blocs sur le site, une organisation ainsi qu'une gestion extrêmement minutieuses sont fondamentales.

Quelles techniques ont été appliquées afin de dresser des blocs de pierre si pesants à des hauteurs de plus en plus hautes ?

De nombreux auteurs qui émettent diverses hypothèses se répartissent en deux écoles qui s'opposent : celle qui pense à un système de rampes et celle qui soutient l'utilisation d'appareils fondés sur le système des leviers.

Les premiers imaginent que les blocs sont traînés sur un plan oblique, perpendiculaire à l'une des faces. Sur ce plan incliné, dans sa longueur, se pratiquent graduellement des installations en rapport avec l'élévation du monument pour maintenir une faible inclinaison. Pour les seconds, il s'agit d'appareils qui, diminuant les forces présentes par des mécanismes de leviers, montent les blocs, assise après assise, en démultipliant l'effort produit par les ouvriers. Peut-être que les deux procédés sont utilisés, chacun comblant les limites de l'autre.

Les parois latérales de la Grande Pyramide, hautes de 7,40 mètres sont composées de sept assises en pierre si finement ajustées qu'il n'est pas possible d'y glisser une lame de couteau.

A l'exception de quelques laconiques inscriptions rapportées par certains égyptologues dans des mastabas voisins [?], on ignore tout de l'existence et du règne de ces trois pharaons qui apparaissent *ex nihilo*. L'intérieur de la pyramide est entièrement vierge de toute inscription.

L'immense crypte de la Grande Pyramide qui ne comporte ni inscription, ni représentation, abritait un lourd réceptacle de granit sans couvercle que les égyptologues ont baptisé *sarcophage*, où ils prétendent que le *corps de Kheops reposait* [*sic*] !

M. Minguez[71] pense que les Egyptiens ont utilisé un gigantesque escalier d'écluses pour la construction des pyramides. Il se réfère aux indications de l'hypothétique chroniqueur Hérodote qui lui sert de banque de données pour étayer sa thèse. Selon l'auteur, les blocs de pierre arrivent du Nil par une installation portuaire sur le fleuve, puis pour les acheminer jusqu'au lieu de construction, un vaste système d'écluses permettant de passer du niveau du fleuve jusqu'au point haut situé sur le plateau. Les bateaux lestés par des blocs de pierre [ceux-ci utilisent la poussée de l'eau] pénètrent directement sur le site par 25 sas qui permettent la montée des eaux. Par des gabions, les Egyptiens créent à l'emplacement de la pyramide un lac

---

[71] M. MINGUEZ, « Les pyramides d'Egypte - Le secret de leur construction », Edit. Tallandier, 1985.

artificiel sur lequel débouchera le dernier sas du système d'écluses [61 éclusées pour 145 assises].

L'auteur avance que pour prétendre réaliser une pyramide parfaitement régulière, les bâtisseurs égyptiens ont atteint une précision difficile à égaler, même par les instruments d'optique sophistiqués dont on dispose aujourd'hui. Pour obtenir une précision semblable [quelques millimètres pour une surface de plus de 5 hectares], une seule solution lui paraît possible : l'immersion totale du site. Pour permettre aux barques de déboucher sur la construction et d'atteindre le pyramidion, un lac artificiel a été édifié autour de la future pyramide. L'idée est *originale* mais créer un lac artificiel à l'emplacement de la future pyramide dont la 61e écluse se place à la 145e assise pour accéder au pyramidion relève plus de la plongée sous-marine que de la maçonnerie !

La quantité d'eau dans un pays désertique doit être impressionnante, permanente toute l'année et cela pendant vingt ans [selon les égyptologues].

De plus, l'auteur oublie que la construction, ou la pyramide, a une disposition géométrique parfaite, perfection qui n'est visible que du ciel !

Les Sciences, dont les Mathématiques, la Géométrie, la Physique, etc., naîtront, répétons-le, à la fin du IXe siècle avec l'avènement de l'Islam[72]. L'auteur n'a pas prévu dans son analyse, par exemple, à l'intérieur de la Grande

---

[72] NAS E. BOUTAMMINA, « Les contes des mille et un mythes - Volume II », Edit. BoD, Paris [France], novembre 2011.

Pyramide ni les « *chambres* », ni les cavités, ni les galeries *perforées* dans le socle rocheux.

Les blocs ne sont pas tous d'une masse de 2,5 à 3,5 tonnes, mais beaucoup dépassent la masse 60 à 200 tonnes, voire 600 tonnes et leur disposition est *millimétrique* ! De plus, l'auteur prend comme source Hérodote[73], un personnage qui se rapporte plus à la fable qu'à l'Histoire !

C - *La fin des pyramides*

Les dernières pyramides, selon les égyptologues, sont bâties autour de *Dahchour* et de *Hawara* par les rois du Moyen Empire [2040-1640 av. J.C.]. Malgré l'immense attention déployée afin de cacher l'entrée des sépultures les « *architectes* « n'ont pu éviter le pillage des pyramides.

Après leur mystérieuse édification, de tels monuments ont étrangement et brusquement cessé et n'ont plus jamais été reproduit !

Les *tombes* des pharaons du Nouvel Empire se sont établies dans la Vallée des Rois, lieu isolé sur la rive du Nil face à Louxor et Karnak.

1 - *Temple de Louxor*

Ce temple se dresse à un mille au Sud du temple de Karnak. Naguère, les temples de Karnak et de Louxor se rejoignent par une allée délimitée par deux rangées de sphinx de pierre à tête humaine : les gardiens du monde

---

[73] *Ibidem*

inférieur et de l'accès au temple, d'après les égyptologues. Des vestiges de cette avenue s'aperçoivent actuellement, à l'extérieur de l'entrée du temple de Louxor.

Le temple se distingue sur le lieu d'un édifice du Moyen Empire exigé par Amenhotep III [aux environs de 1380 av. J.C.]. Ramsès II adjoint, un siècle plus tard, un pylône élevé et une cour ouverte. A l'inverse du temple de Karnak, celui-ci n'est pas embelli par les pharaons postérieurs.

Tous les temples s'érigent selon un plan original prescrit par un unique « architecte ». Ainsi, tous se ressemblent !

QUELQUES SITES DE VESTIGES MONUMENTAUX

SITE	SOUVERAIN	DYNASTIE	OBSERVATIONS
Guizèh	Kheops	IV	La plus importante, ainsi que trois petites pyramides satellites au pied de sa face Est.
	Khephren	IV	
	Mykérinos	IV	Plus trois petites pyramides satellites au pied de sa face Sud.
Zaouiet El-Aryan	?	?	Seule existe une grande cavité.
	Khâba	III	Pyramide à tranches.
Abousir	Niouserrê	V	Temple solaire.
	Ouserkaf	V	Temple solaire.
	Néferirkarê	V	Inachevée.
	Néférefrê	V	Ruines.
Saqqara	Téti	VI	Pyramide à « *textes* ».
	Djéser	III	La première pyramide à degrés.
	Ounas	V	Pyramide à textes.
	Sékhemkhet	III	Pyramide à degrés.
	Pépi I	VI	Pyramide à « *textes* ».
	Mérenrê	VI	Pyramide à « *textes* ».
	Aba-Kakarê	VIII	Pyramide à « *textes* ».
	Pépi II	VI	Pyramide à « *textes* ».
	Chepseskaf	IV	Mastaba *Faraoun*.
	Snéfrou	IV	Pyramide *Rouge*.
	Snéfrou	IV	Pyramide rhomboïdale.

V - Les Pyramides : haut lieu de pèlerinage occulte

Les adeptes des croyances, des doctrines et des philosophies agnostiques, mystiques ou à tendance ésotérique effectuent le *pèlerinage* au plateau de Guizèh, le lieu saint, en signe de dévotion. Le pèlerinage aux pyramides de Guizèh caractérise le culte des nombreuses *religions* symboliques et occultes, à l'instar de celles de l'Egypte antique. Les fidèles consultent les oracles *résidents* des pyramides.

Pour les doctrines occultes mystiques ou kabbalistiques, la vénération des pyramides en tant que lieu *immanent* des forces cachées demeure une pratique largement répandue depuis des siècles et perdure encore.

Au cours du Moyen-âge, cette pratique était une conviction proche du fanatisme. Les maîtres des diverses écoles viennent des quatre coins du monde pour demander conseil, pour recevoir des enseignements, pour parfaire un art ou pour tout simplement s'imprégner de l'aura des monuments.

On quémande l'intercession des maîtres des lieux [esprits, démons, diables, etc.] qui ne sont [pour ceux qui entrent en contact], en fait, que des Jinn *Shayātīn*[74] auprès desquels on peut les invoquer afin d'en obtenir des « *bienfaits* ». Beaucoup de ces entités sont honorées annuellement et ont un jour de fête particulier dont la date n'est connue que des seuls maîtres ou gourous. La célébration revêt « *une importance universelle* » pour ces doctrines ésotériques.

Diverses écoles ou *communautés religieuses mystiques* sont représentées dans ce *pèlerinage universelle* au plateau de Guizèh et la célébration, selon un calendrier rigoureux, est sous la férule de la plus représentative, celle qui a de l'ascendant sur toute les autres.

Dans l'art mystique, ésotérique ou occulte le symbolisme est fondamental et bon nombre de liturgies sont représentées avec des emblèmes où figure la *Grande Pyramide* qui permet aisément de les identifier.

A - *Sectes, ordres, confréries, sociétés secrètes, organisations… liés à la Grande Pyramide*

Jadis des marginaux sectaires aux connaissances ésotériques se réclament de la *Grande Pyramide* et de la « *science* » perdue cheminent à travers les territoires musulmans, jusque naguère en Espagne musulmane. Ces personnages cultivent toujours la *Croyance Antique* originaire de la *Grande Pyramide*[75]. Actuellement, l'engouement pour cette conviction s'amplifie, véhiculé

---

[74] *Shayātīn* [plur. de *Shaytān*]. Terme qui signifie : « *Semeurs de désordre sur Terre* ».
[75] S. HUTIN, « L'alchimie et les sociétés secrètes »

par diverses moyens de communication [transports, média - Internet, satellite, etc. -].

Il est nécessaire de citer quelques exemples de communautés, congrégations ou *Sociétés Secrètes* ; de leurs fondateurs ou de leurs membres importants qui *administrent* actuellement la planète politiquement, culturellement, financièrement et économiquement[76]. Ces *associations secrètes*[77] qui se regroupent sous des croyances idéologiques, philosophiques, mystiques, agnostiques à tendance ésotérique ou occulte ont un dénominateur commun : les *Jinn* !

1 - Franc-maçonnerie[78]

E. Royston Pike[79] assure que la *Franc-maçonnerie* est une société secrète initiatique[80] qui s'est développée surtout à partir de 1717, mais dont les origines sont en réalité beaucoup plus lointaines [alchimistes, Rose-Croix, etc.]. Contrairement à l'opinion courante, la Franc-maçonnerie n'est pas une simple association philanthropique : c'est un groupement *initiatique*[81] qui, comme tel, constitue un vaste système ésotérique.

Ses initiations, avec leur rituel de *mort* suivie de *résurrection*, sa philosophie ésotérique exprimée par une

---

[76] Nas E. Boutammina, « Le Jinn, créature de l'Invisible », Edit. BoD, Paris [France], janvier 2011.
[77] L. Grodecki, « Symbolisme cosmique et Monuments religieux »
[78] J. Boucher, « La symbolique maçonnique »
[79] E. Royston Pike, « Dictionnaire des Religions »
[80] J. Evola, « Le Yoga Tantrique »
[81] R. Guenon, « Aperçus sur l'initiation »

multitude de symboles, tout rappelle dans la Franc-maçonnerie, en dépit d'emprunts aux doctrines contemporaines, les traditions occultes du monde méditerranéen[82].

La *Franc-maçonnerie*[83] peut être assimilée à une secte, à une religion et à un parti. Elle est doctrinaire, elle impose sa croyance discrètement, et, ce qui n'est un secret pour personne, elle a conquis le pouvoir mondial [politique, financier, culturel, médiatique, etc.][84].

D'origine anglaise, la *Franc-maçonnerie* s'ouvre à divers corps de métiers et à recevoir dans leurs rangs des hommes fortunés, des hommes de loi[85], des ecclésiastiques et enfin des politiciens. Il n'existe aucun gouvernement, ni aucun dirigeant de la planète[86], qui n'est pas peu ou prou adepte de la *Franc-maçonnerie*[87].

En 1717, à Londres, quatre de ces loges, fusionnent en une grande loge, la *Grande Loge d'Angleterre* en 1723. En 1813, c'est la création d'une *Grande Loge Unie d'Angleterre*. Les maçons anglais répandent très vite l'institution dans leurs colonies [Amérique, Australie, etc.]

---

[82] R. ALLEAU, « Histoire des sciences occultes »

[83] C. FUNCK-HELLET, « L'équerre des maîtres d'œuvre »

[84] Ean Rad, « Satan, le Maître du monde », Edit. Bod, juin2010.

[85] L'*Ordre des Médecins*, l'*Ordre des Magistrats*, l'*Ordre des Avocats*, l'*Ordre des Pharmaciens*, etc.

[86] Sauf de très rares cas qui sont comptés sur une main dont il manque au moins trois doigts !

[87] H. DUSSON, « Les sociétés secrètes en Chine et en terre d'Annam »
   B. FAVRE, « Les sociétés secrètes en Chine »

et dans les pays d'Europe[88] : en Russie[89] [1717], en Belgique [1721], en Espagne [1728], en Italie[90] [1733] et en Allemagne [1736]. La Franc-maçonnerie s'implante en France [vers 1725] sous le nom de *Grande Loge de France* en se dotant d'un *Grand Maître* [en 1738]. Une scission produit une obédience le *Grand Orient de France* [GODF, en 1773] présidée par Louis Philippe Joseph dit Philippe Egalité[91] [1747-1793]. Au XIXe siècle, les deux grandes obédiences sont le *Grand Orient et le Suprême Conseil du Rite écossais ancien et accepté*, créé en 1804.

En 1877, le *Grand Orient* s'écarte de la Grande Loge d'Angleterre. En 1913, une Franc-maçonnerie régulière se constitue sous l'appellation de *Grande Loge Nationale Indépendante et Régulière*, puis, dès 1948, sous celui de *Grande Loge Nationale Française* [GLNF] reconnue par la Grande Loge d'Angleterre. En 1952, naît une obédience exclusivement féminine, la *Grande Loge Féminine de France*.

L'obédience se préside par un *Grand Maître*. Il existe aussi des ateliers de perfectionnement qui sont réservés aux hauts grades, différents selon les rites, et nettement plus

---

[88] En 1740, le roi FREDERIC II de Prusse précipite la guerre en Europe envahissant la Silésie. C'est la *Guerre de Succession* entre plusieurs pays : France, Espagne, Italie, Allemagne, Belgique, Russie, Angleterre, Hollande, Autriche.
[89] En 1917 se déroule la Révolution en Russie qui entraîne la chute du régime tsariste et la prise du pouvoir par les bolcheviks.
[90] En 1733 sur le sol d'Italie se déroule la guerre de Succession de Pologne.
[91] Aristocrate français, cousin du roi Louis VI, véritable agitateur politique, il est l'un des artisans de la *Révolution française*.

empreints d'ésotérisme[92]. Les nombreuses obédiences qui composent la Franc-maçonnerie aujourd'hui [*rite écossais ancien et accepté, rite français, rite d'York, rite écossais rectifié,* etc.] se reconnaissent globalement dans l'une des deux grandes tendances. L'une, la maçonnerie liée à la tradition anglo-saxonne libérale et politiquement de droite. L'autre, socialiste et se réclamant politiquement de gauche. Quoi qu'il en soit, celles-ci caractérisent les côtés pile et face d'une même pièce !

Dès sa fondation, la Franc-maçonnerie fait l'objet de nombreuses critiques et condamnations politiques et ecclésiastiques, telle la célèbre encyclique *Humanum genus* de Léon XIII en 1884 qui soutient que l'*Ordre* pratique le *Satanisme*. À partir du XVIIIe siècle, la Franc-maçonnerie essuie les attaques de divers régimes dans beaucoup de pays. En France, en 1737, un collège de juges décide de l'interdire. Aux Etats-Unis, en 1821, suite au kidnapping d'un ex adepte, W. Morgan, qui menaçait de divulguer les secrets de la Franc-maçonnerie, certaines loges font l'objet d'attaques.

En France, la thèse d'un complot *judéo maçonnique* est soutenue par L. Taxil qui diffuse, à la fin du XIXe siècle, des révélations étonnantes sur la Franc-maçonnerie.

De même, la prise de position en faveur du capitaine A. Dreyfus de la maçonnerie française permet d'alimenter cette thèse. Hitler attribue l'implication des actions subversives aux francs-maçons qui ont conduit à la guerre de 1939-45.

---

[92] L. BENOIST, « L'ésotérisme »

L'influence de la Franc-maçonnerie s'étend considérablement après la Révolution française bourgeoise et libérale. Le nombre de francs-maçons[93] dans le monde est incalculable, mais certains avancent le chiffre qui excède aujourd'hui les 6 millions.

ACTIVITES DE LA FRANC-MAÇONNERIE

ACTIVITES[94]	FRANC-MAÇONNERIE
• Politique • Economique	*Grande Loge Unie d'Angleterre* [Rite d' York, *Rite écossais, etc.*]
• Politique • Economique	*Grand Orient de* France [Grande Loge Féminine de France, etc.]
• Esotérique • Mystique	*Rose-Croix*[95]

2 - *Rose-Croix*[96]

W. Irving[97] rapporte que sous le règne d'Ibn-Habuz, sultan de Grenade, voyageait un vieux médecin soutenu par un bâton orné de hiéroglyphes du nom d'Ibrahim Ibn Abu-Ajur. Il venait d'Egypte à pied et prétendait détenir le secret de prolonger la vie, connaissance selon lui, liée à la

---

[93] Quelques membres célèbres de l'ordre maçonnique : W.A. MOZART [dont l'opéra la *Flûte enchantée* empreinte le rituel maçonnique], L. TOLSTOÏ, O. WILDE, B. FRANKLIN, E. LITTRE, J. FERRY, F.D. ROOSEVELT, etc. Actuellement les chefs d'Etat, chefs de gouvernements, artistes, chefs d'entreprise, Officiers des Armées, etc., en font partie.
[94] Ces activités sont à l'échelle mondiale !
[95] Certains auteurs incluent dans la société secrète de la Rose-Croix, l'*Ordre des Chevaliers Teutoniques et l'Ordre des Templiers*, etc.
[96] A. ERMAN, « La religion des Egyptiens »
[97] W. IRVING, « Contes de l'Alhambra »

Grande Pyramide. On lui allouait une longévité inaccessible.

La *Pyramide*[98] passe pour être le catalyseur *cosmo tellurique*. A peu près vers la même période, un autre protagoniste révèle le même savoir et la même longévité. Celui-ci chemine à travers les carrefours musulmans de l'Espagne, de Grenade et de Cordoue en revenant de Fès, le haut lieu de l'occultisme en Afrique du Nord. Dès lors, on s'interroge s'il ne s'agit pas du même individu. La personne en question se dénomme C. Rosenkreutz, le fondateur des Frères illuminés de la *Rose-Croix*[99], l'ordre le plus mystérieux d'Europe.

C. Rosenkreutz [vers 1378-1484], moine allemand, il réalise plusieurs voyages en terre d'Islam, l'un à Damas et l'autre à Fès. Il recherche les secrets des sciences antiques, c'est à dire la magie, l'art occulte.

A son retour en Allemagne, il s'isole dans une caverne où il reçoit, certainement, « *sa révélation finale* ». En 1603, son tombeau est retrouvé. Peu de temps après, s'accroîtront les fidèles de la *Rose-Croix*. Les énigmatiques

---

[98] L. HAUTECOEUR, « Mystique et architecture »
[99] Le symbole de la rose croissant sur la croix s'explique en allégorie chrétienne [*amour christique*] et en allégorie universelle ; le *chakra* [*centre psychique*] du cœur se développant afin de prélever ardemment la force du zodiaque, source de la vie. La rose symbolise le centre mystique. La croix représentant l'homme les bras étendus. C'est le mythe de *Memphis*, du *Lion céleste*, du *Sphinx* et de la léonine *Sekhmit* [ou *Sekhmet*]. L'ordre de la *Rose-Croix* est né au Caire ou autour des pyramides, lors d'une réunion d'initiés, tous héritiers d'une tradition remontant à l'ancienne Egypte.

comtes de Saint-Germain et Cagliostro sont, par exemples, des membres dévoués[100].

A. Cagliostro comte de [1743-1795], de son vrai patronyme G. Balsamo est un aventurier italien, qui pratique l'occultisme. Esprit démoniaque, il excelle dans l'art du *désordre sur terre* [escroquerie, contrefaçon, cartomancie, magnétiseur, etc.]. Il est le fondateur d'un ordre religieux de Francs-Maçons.

La *Rose-Croix*[101] est une fraternité internationale secrète vouée officiellement à la quête de l'ésotérisme. Le mouvement *rosicrucien* affirme que l'origine de leur ordre remonte à l'Egypte ancienne et qu'il perdure à travers les siècles en demeurant délibérément dans l'ombre pendant longtemps. Les préceptes des rosicruciens se composent d'une composition de divers éléments issus de la magie égyptienne, au gnosticisme, à la Kabbale juive ainsi qu'à d'autres croyances et pratiques occultes.

Le mouvement semble avoir été constitué en Allemagne, après la publication d'écrits tels que *Fama fraternitatis* en 1614, puis la réédition de *Fama* et de *Confessio Rosae Crucis* en 1615. Ces manifestes racontent le déplacement en Orient d'un individu surnommé C. Rosenkreutz [dont le nom est attribué à la *Fraternité*] qui explique que l'ordre des *Rose-Croix* est fondé afin de perpétuer mysticisme et l'ésotérisme qu'il a acquis. Cette société secrète provoque un ascendant puissant sur la *Franc-maçonnerie*, surtout sur le grade de *Maître* et sur les

---

[100] S. HUTIN, « Robert Fludd, le Rosicrucien »
[101] S. HUTIN, « Petite histoire des Rose-Croix »

Hauts Grades dits écossais, notamment le *18e Rose-Croix*. Un grand nombre d'organisations initiatiques affirment, de leur côté, continuer l'ésotérisme de la Rose-Croix. Ce sont, par exemples, *A.M.O.R.C.*, *Rosicrucian Fellowship* dont le siège est à Los Angeles, *Lectorium Rosicrucianum* à Haarlem en Hollande, *Societas Rosicruciana in Anglia* à Londres, etc.

Actuellement, à un certain degré initiatique, tous les ordres et sociétés secrètes fusionnent entre eux. A ce stade, le Haut Grade dans l'un d'eux procure une équivalence de titre pour les autres ; ainsi, chacun d'eux lui prête serment d'allégeance. A l'instar de la pyramide, la hiérarchie est ascensionnelle pour ne laisser place qu'à un seul Maître !

3 - L'Ordre du Temple ou Templiers

On prétend qu'il s'agit d'un ordre de religieux. Celui-ci convoite plus les richesses de l'Orient que la défense de la *Terre sainte*. L'*Ordre du Temple* est fondé en 1119 à Jérusalem, en Palestine, par quelques *chevaliers* initiés à l'occultisme et au mysticisme oriental. Au sommet de l'ordre se trouve le *Maître* dont l'autorité est acquise après une longue *initiation*. Le vol des richesses par le massacre des habitants de Palestine permet au *Temple* de subventionner amplement les papes et les rois pour les opérations de *Croisades*.

L'*Ordre du Temple* s'unit à celui des *Hospitaliers* [autre ordre combattant] au XIVe siècle. Les Templiers sont accusés d'hérétiques endurcis car ils pratiquent des rites initiatiques et professent une doctrine ésotérique de type gnostique empruntée aux hérétiques « *musulmans* » avec lesquels, ils ont eu de bonnes relations, la *secte des Assassins*.

Il s'agit de rites secrets occultes, d'adoration du culte de l'idole du *Baphomet*, des vices contre nature et des immoralités multiples[102]. Par la dissolution de l'ordre du Temple, au concile de Vienne en 1312, le pape Clement V s'approprie leurs biens et en distribue une partie aux ordres créés en Espagne : l'*Ordre de Notre-Dame-de-Montesa* à Valence et l'*Ordre du Christ* au Portugal. Les Templiers continueront néanmoins à s'organiser et à se développer dans la clandestinité sous forme de *Sociétés Secrètes*.

4 - Ordre des Chevaliers Teutoniques

Semblable à l'*Ordre du Temple*, c'est un ordre religieux et militaire fondé en Terre sainte lors de la troisième croisade en 1191. L'*Ordre* est créé par des bourgeois de Brême et de Lübeck, pendant le siège d'Acre [Palestine] en 1191. Il est officiellement reconnu par le pape en 1199. Il reprend les techniques des Templiers dont la règle hiérarchise les différents adeptes qui sont sous l'autorité du *Grand Maître* assisté de cinq dignitaires.

L'*Ordre des chevaliers Teutoniques* se développe en Allemagne méridionale où il établit les bases de la future Prusse. Connaissant un certain regain, il se maintient toutefois en Autriche au cours du XIXe siècle. Depuis 1929, l'*Ordre des Chevaliers Teutoniques* siège à Vienne, « *limite* » son action à l'Autriche, à l'Italie et à l'Allemagne.

---

[102] E. ROYSTON PIKE, « Dictionnaire des Religions »

Discrètement, il maintient, comme les autres ordres orientaux, une tradition initiatique, mystique et ésotérique.

Des liens étroits unissent l'*Ordre de la Francmaçonnerie* et de la *Rose-Croix*, par exemples, à la Grande Pyramide. Selon ces doctrines, héritages, de l'art des Grands Prêtres d'Egypte,

La Grande Pyramide connecte par une chaîne mystérieuse l'Homme à son milieu cosmique. De la sorte, ses vertus résident d'abord dans la magie du nombre, dans le choix du lieu, ensuite dans la forme et le matériau.

VI - Les entités invisibles

Aborder les doctrines occultes, magiques ou hermétiques, c'est caractériser leurs véritables concepteurs. Deux mondes spirituels s'opposent sur ces questions, le Judéo-christianisme duquel se rattachent les principales croyances actuelles [*Bouddhisme, Hindouisme, Animisme, Brahmanisme*, etc.] et l'Islam.

A - *Conception judéo-chrétienne sur les entités invisibles*

Le Judéo-christianisme a toujours rassemblé ses ouailles autour de mythes, de légendes, de superstitions, du culte du héros et des Saints. Il a imaginé des bestiaires anthropomorphiques terrifiants, une démonologie héritée des sociétés antiques[103] [babylonienne, perse, égyptienne, grecque, etc.]. Ainsi, les ennemis de l'Humanité aux pouvoirs divins et adversaires de Dieu caractérisent le *Démiurge inférieur, Lucifer, Satan, Belzébuth,* le *Démon,* le *Diable,* le *Malin,* etc. A ce répertoire, au cours des siècles, se rajoutent une littérature et une terminologie infernales nées de l'*exorcisme* mis en place par l'Eglise comme rite officiel de la religion[104].

---

[103] E. DHORME, « Les Religions de Babylonie et d'Assyrie »
[104] NAS E. BOUTAMMINA, « Le Malāk, entité de l'Invisible », Edit. BoD, Paris [France], mai 2015.

1 - Démon

Selon le Judéo-christianisme, le *Démon* est un être surnaturel, esprit ou force capable de transformer *maléfiquement* l'existence humaine. Le démon présent sous des formes diverses est doué de pouvoirs magiques terrifiants et contrôle la matière et les éléments de la Nature. Il représente la *divinité de l'occultisme*.

La croyance aux esprits du mal et à leur aptitude à agir sur la vie des êtres humains est très répandue. De nombreuses sociétés primitives croient aux esprits qui habitent tous les éléments de la nature [*Animisme*]. Les esprits du mal ou démons sont aussi les esprits des ancêtres qui viennent tourmenter les vivants. Les sociétés qui adoptent le *culte des Ancêtres* cherchent à convaincre les bons et les mauvais esprits. Toutes les sociétés antiques spécialement celles de la Grèce et de Rome pensent que certains de ces esprits sont responsables de l'action des organes et que certaines maladies sont provoquées par des démons.

Le mot *démon* provient du mot grec *daimon* qui définit des êtres que leurs pouvoirs particuliers placent entre les humains et les dieux. Ces êtres ont aussi bien l'aptitude d'améliorer la vie des gens que d'exécuter le châtiment décrété par les dieux.

Les principales idées sur les démons découlent de l'*Ancien Testament* qui expose des êtres maléfiques ou *esprits impurs* qui sont la cause de destruction et règnent partout où des actions mauvaises sont commises. Au Moyen-Age, la théologie chrétienne établit l'*Angéologie*, une savante hiérarchie d'*anges* associés à Dieu et d'*anges déchus* ou démons, dont le chef est *Satan*. Satan est considéré comme le premier ange déchu !

2 - Satan ou Diable

Dans les croyances judéo-chrétiennes, il s'agit de l'esprit suprême du mal qui règne depuis les temps immémoriaux sur un royaume d'esprits malins et qui s'oppose continuellement à Dieu. Le vocable *diable* vient du grec *diabolos* [*calomniateur*], il devient en latin ecclésiastique *diabolus.*

Le mot hébraïque *ha-satan* [le *satan*] qui provient lui-même de l'arabe *Shaytān*, est traduit en grec par le groupe des *Septante* de la Bible. Il est l'interprétation de la locution utilisée à l'origine comme le titre d'un « *espion errant* » au service de Dieu, récoltant des informations sur les êtres humains lors de ses voyages terrestres. Dieu au courant de peu de choses doit solliciter l'aide de cet *informateur*. Les spéculations sur Satan portent essentiellement sur la provenance et la personnalité du mal. L'influence est essentielle de la religion *zoroastrienne* avec sa dualité des pouvoirs du *bien* [*Ohrmuzd*] et du *mal* [*Ahriman*] sur la tradition et la pensée du Judéo-christianisme[105]. Le caractère nominal d'une idée se personnifie en devenant un nom propre. Dès lors, *Satan* est considéré comme un adversaire non seulement des hommes mais aussi et surtout de Dieu. Un combat perpétuel s'engage avec humains interposés.

---

[105] NAS E. BOUTAMMINA, « Judéo-Christianisme - Le mythe des mythes ? », Edit. BoD, Paris [France], juin 2011.

Dans les écrits de la secte des *Esséniens* de Qumran découverts en Mer Morte, le diable incarne *Bêlial*, l'esprit de la méchanceté, héritage babylonien de la divinité *Bêl* ou *Bâl*[106]. De là, découle le nom *Bêl-Zéboub*. Le diable agit par ses subordonnés les démons qui sont des créatures comme lui mais de faible puissance.

L'essentiel de la pensée mythologique chrétienne relatif au diable est que le prétendu Jésus-Christ est venu mettre fin à l'emprise que le diable et ses démons ont sur l'ensemble de l'Humanité. Le credo fantasmagorique chrétien stipule que la *possession* de quelques individus est le symptôme de la domination générale sur tous et que par la crucifixion, le diable et ses acolytes sont condamnés paradoxalement à la défaite finale !

Au cours des siècles, dans l'art, la littérature et le folklore judéo-chrétien [maintenant le cinéma] le diable est figuré comme une chimère mi-animale mi-homme. Celle-ci, ignoble et terrifiante, est affublée d'une queue et des cornes et accompagnée de diablotins. L'idée que ces derniers peuvent s'introduire dans les êtres humains servait plus à distinguer les possédés des gens normaux. Un moyen judicieux et radical afin d'éliminer les antisociaux,

---

[106] *Bêl*, dieu suprême des Babyloniens est la forme chaldéenne de *Baal*. Equivalent hébreu Baal, le nom Bêl s'utilise dans le sens de *seigneur* ou *possesseur*. Bêl règne sur les airs et a pour épouse *Bêlit*. Hérodote assimile Bêl au dieu grec *Zeus*. En tant que *Bêl-Merodach*, le dieu est lié à la planète Jupiter, associée en allégorie astrale à la force créatrice de la nature. Dans la cosmogonie babylonienne, il est nommé le *dieu des seigneurs*, le *puissant prince*. *Bêl* fait le ciel et la terre et avec son sang mêlé à de l'argile, il crée l'homme, les animaux et les corps célestes. Le centre principal de son culte est Nippour [ancienne ville de la basse Mésopotamie].

les révoltés, les rebelles, les insoumis, les hérétiques, les aliénés et toutes sortes d'individus réfractaires au pouvoir en place [Eglise, Monarchie, Aristocratie, Bourgeoisie, etc.].

3 - Lucifer

Dans les temps anciens, *Lucifer* est le nom de la planète Vénus définissant le roi de Babylone appelé *étoile du matin, fils de l'aurore*. Les Pères de l'Eglise associent le nom de *Lucifer* à *Satan* en référence à sa *chute*. Selon le Judéo-christianisme[107], Lucifer qui était le plus beau des Anges devient Satan à la suite de sa révolte, engendrée par l'orgueil de s'égaler à Dieu.

4 - Belzébuth

Déformation du nom de la divinité cananéenne *Bal-Zeboub* [*Bal le Prince*] et transformé par les Hébreux en *Bal-Zeboul* [*Bal Fumier*]. Il est renommé par la démonologie judéo-chrétienne en *Belzébuth* qui représente le Prince des Démons et prince des Enfers.

Belzébuth est assimilé à *Asmodée*, démon du cercle supérieur, dans la démonologie hébraïque. Dans la tradition talmudique, Asmodée est associé à Salomon, auquel il apporte son aide lors de la construction du « *Temple de Jérusalem*[108] ». On le considère également comme étant la cause des excès attribués à Salomon.

---

[107] NAS E. BOUTAMMINA, « Judéo-Christianisme - Le mythe des mythes ? », Edit. BoD, Paris [France], juin 2011.
[108] NAS E. BOUTAMMINA, « Y-a-t-il eu un temple de Salomon à Jérusalem ? », Edit. BoD, Paris [France], aout 2011.

B - Conception islamique sur l'Univers de l'Invisible[109]

Les vocables de la démonologie usités par les Judéo-chrétiens n'existent pas dans la croyance de l'Islam. En effet, islamiquement le terme *démon* ou *diable* n'est qu'un adjectif qualificatif qui s'apparente au terme *Shaytān*. Les Judéo-chrétiens en ont fait un nom propre.

Imaginer et traduire des noms propres demeurent une seconde nature chez eux, par exemple, ils transforment les termes suivants : *Andros* [adjectif signifiant en grec *viril*] devient *André*, *Képhas* [nom commun désignant en grec un *cailloux*] devient *Pierre*, *Biblia* [nom commun indiquant en grec une collection de parchemins] devient *Bible*, etc.

Les adjectifs qualificatifs ont pour support un nom ou un équivalent du nom. Ils indiquent une caractéristique ou une propriété.

1 - Les Jinn[110]

Les *spécialistes* et les historiens judéo-chrétiens des religions définissent le *Jinn* comme un *esprit ou démon inférieur à un ange dans le folklore et la mythologie de l'Islam*.

E. Royston Pike[111] analyse les Jinn comme des êtres surnaturels, dans la *mythologie islamique*, qui auraient la

---

[109] NAS E. BOUTAMMINA, « Le Malāk, entité de l'Invisible », Edit. BoD, Paris [France], mai 2015.
[110] NAS E. BOUTAMMINA, « Le Jinn, créature de l'Invisible », Edit. BoD, Paris [France], janvier 2011.

faculté de se faire voir sous des formes animales [serpents, chiens, chats, etc.] ou sous une forme humaine. Les uns sont favorables [et ils sont alors d'une grande beauté], les autres mauvais [et ils sont d'une laideur effrayante].

La mythologie et le folklore n'existent pas en Islam mais se rencontrent dans la *Tradition*[112]. Les Jinn sont des créatures qui ne se rencontrent pas dans la pensée, la littérature et la théologie judéo-chrétiennes. Les Judéo-Chrétiens, fourvoyés, ont beaucoup de mal à saisir le sens des Textes du Coran. Dès lors, ils ne peuvent concevoir les idées et les notions qui s'y renferment. Les Judéo-chrétiens et les Traditionnistes [spécialistes et/ou adeptes de la Tradition] ne peuvent appréhender ces êtres qu'ils considèrent sans s'en rendre compte. Ces derniers

---

[111] E. ROYSTON PIKE, « Dictionnaire des Religions »

[112] *Tradition*. La *Tradition* est la Loi orale [ou « *Coran* » oral]. Selon les *Traditionnistes* [spécialistes et/ou adeptes de la *Tradition*], il s'agit de l'ensemble des recueils qui en renferment la substance, en particulier le code constitué, toujours d'après les Traditionnistes, du Coran et de son exégèse ou commentaire. La *Tradition* devient la source religieuse, la ligne de conduite mentale, le principe essentiel régissant la pensée. Ainsi, l'*Ordre* des Traditionnistes, à l'instar de celui des Ordres initiatiques de type maçonnique, à l'ombre des Khalifes, des Sultans et des Vizirs gouverne les musulmans et leur société. L'histoire en témoigne de cet état de ruine des sociétés dites *musulmanes*. Les « *Shaykhs* », les « *Muftis* », les « *Imams* », les « *Ulémas* », etc. [tous ceux qui gravitent autour d'eux] qui gesticulent dans divers supports médiatiques sont des *Traditionnistes*, c'est à dire des professionnels de la *Tradition* [Hadiths] qui est le prototype du *Talmud*. Tout comme les Juifs qui se basent non pas sur la *Thora* mais sur le Talmud, les Traditionnistes ne se basent pratiquement que sur la Tradition [*Hadiths*]. Cf. NAS E. BOUTAMMINA, « Les ennemis de l'Islam - Le règne des Antésulmans - Avènement de l'Ignorance, de l'Obscurantisme et de l'Immobilisme », Edit. BoD, Paris [France], février 2012.

s'intègrent dans leur sacerdoce, les guident dans leur foi et sont l'apanage de leurs cérémonies religieuses.

a - Constitution des Jinn

« ... « Je [*Iblis*] suis meilleur que lui [*Hādām*] : Tu m'as créé de feu, alors que Tu l'as créé d'argile[113] » » *(Coran, 7-12)*

« *Et quant au Jinn, Nous l'avions auparavant créé d'un feu d'une chaleur ardente* » *(Coran, 15-27)*

« ... *et Il a créé les Jinn de la flamme d'un feu sans fumée* » *(Coran, 55-15)*

Une émanation de chaleur et de lumière issue d'un *corps* en combustion absolue ou portée à très haute température et dans un espace vide, c'est à dire exempte de toute molécule [composante de la matière] constitue « ...*une flamme d'un feu sans fumée* ». Les Jinn, selon les indications fournies par le *Coran* sont des créatures d'origine thermonucléaire. *Les Jinn sont des entités plasmatiques*[114].

Les Jinn ne sont pas agencés comme les humains avec des organes, par exemples, une peau, un cœur, des poumons, des reins, etc. Leur configuration anatomique et physiologique ne fait l'objet d'aucune explication coranique.

---

[113] Nas E. Boutammina, « L'Homme, qui est-il et d'où vient-il ? - Volume II », Edit. BoD, Paris [France], juillet 2015. 2ᵉ édition.
[114] Nas E. Boutammina, « Le Jinn, créature de l'Invisible », Edit. BoD, Paris [France], janvier 2011.

b - Aptitudes des Jinn

« … Il [*Iblis*] vous voit, lui et ses suppôts [*les autres Jinn*], d'où vous ne les voyez pas… » *(Coran, 7-27)*

Malgré cette complexité, on remarque que l'œil humain n'est constitué que pour percevoir ce qui lui est nécessaire de voir. En effet, Allah par Sa miséricorde lui à éviter de percevoir l'univers terrifiant des Jinn. De la sorte, l'Homme appréhende sereinement son monde et ne se préoccupe pas d'eux.

L'Homme n'est pas équipé physiquement et intellectuellement pour coexister dans le milieu *jinnien,* qui est un *environnement inhumain* et par principe insoutenable, invivable.

Le fait de cohabiter sur la même planète, Allah a établi une frontière, certes invisible, entre le monde des Jinn et celui des Humains. Il s'agit du monde du *Ghaïyb* [ou *Raïyb*] ou monde de l'*Invisible*. Quoi qu'il en soit, les Jinn ont la faculté de l'observer et *parfois* de le visiter.

L'imperceptibilité des Jinn est liée au système optique de l'œil dont les principaux appareils, fussent-ils les plus perfectionnés, utilisent ce modèle. Les rayons lumineux traversant les milieux transparents de l'œil, cornée et cristallin [l'équivalent d'une lentille convergente], ne permettent pas de discerner la formation de l'image d'un Jinn sur la rétine.

c - Déplacement du Jinn

« Un Ifrit[115] dit : « Je te [Soūlāymān] l'apporterai avant que tu ne te lèves de ta place : pour cela, je suis fort et digne de confiance » *(Coran, 27-39)*

« Quelqu'un [Ifrit] qui avait une connaissance du Livre dit : « Je te [Soūlāymān] l'apporterai [trône] avant que tu n'aies cligné de l'œil ». Quand ensuite Soūlāymān a vu le trône installé auprès de lui,… » *(Coran, 27-40)*

Les grandeurs conventionnelles et abstraites, choisies pour représenter des grandeurs physiques mesurables, telles que la masse, le temps, la longueur, sont valables pour situer l'environnement de l'Homme mais ils sont impraticables pour représenter celui du Jinn [Ghaīyb]. Les grandeurs définies par et pour l'Homme et son environnement ne peuvent se rapporter à ces entités.

Le *Temps* est, au même titre que la longueur ou la masse, une des quantités fondamentales du monde physique. Le *temps* se définit comme la période pendant laquelle une action ou un événement se déroule ou encore la dimension représentant la succession de ces actions ou événements.

Le *Travail* fourni ou énergie transférée par unité de temps représente la *Puissance*. Le travail est égal au produit scalaire de la force appliquée [pour déplacer un corps] par

---

[115] *Ifrit* désigne un Jinn qui détient une puissance [physique, cognitive, etc.] plus redoutable que celle du commun des Jinn.

la distance parcourue par le corps. La puissance mesure la rapidité à laquelle le travail est fourni.

Selon le verset coranique, lorsque le *Ifrit* se rend au Yémen et revient en déplaçant le trône [de la reine de Saba], il doit appliquer au trône une force horizontale et compenser le frottement entre le trône et l'air. Cette force permet de mettre et de maintenir le trône en mouvement.

d - Analyse neurophysiologique

La *neurophysiologie* étudie la réception et la transmission de l'information par les cellules nerveuses ou neurones. Les neurones transmettent l'information qui parvient, ou part du système nerveux central, comprenant le cerveau et la moelle épinière, sous la forme d'influx électriques. Ils contrôlent notamment les muscles.

Les neurones efférents transmettent les influx du cerveau et de la moelle épinière vers les organes périphériques pour provoquer une modification d'activité, par exemple dans ce cas précis, une contraction musculaire [*se lever* ou *cligner de l'œil*].

La capacité du neurone à conduire et à produire un message appelé *influx nerveux* constitue sa caractéristique principale. La membrane cellulaire d'un neurone au repos est polarisée en raison d'un potentiel électrique plus faible à l'intérieur de la cellule qu'à l'extérieur. Cette différence est essentiellement due à une répartition inégale des *ions sodium* [Na^+] et *ions potassium* [K^+] entre l'intérieur et l'extérieur du neurone. Les ions K^+ sont plus nombreux à l'intérieur, alors que les ions Na^+ se trouvent majoritairement à l'extérieur. La membrane est dotée d'une pompe qui refoule les ions Na^+ vers l'extérieur et pompe les ions K^+ vers l'intérieur de la cellule : c'est la *pompe Na^+/K^+*.

D'autre part, des protéines chargées négativement sont maintenues à l'intérieur du neurone. Compte tenu de leur taille, ces protéines ne diffusent pas librement à travers la membrane et aident à créer cette différence de potentiel transmembranaire, aussi nommée *potentiel de repos*. Toutes les cellules de l'organisme détiennent une telle différence de potentiel, mais celle-ci est susceptible de varier chez les neurones sous l'influence de certains stimuli.

Lorsque le neurone est stimulé, le comportement de sa membrane cellulaire change et on observe un accroissement de la perméabilité aux ions Na^+ qui se précipitent alors à l'intérieur du neurone. Ce phénomène provoque une variation brusque de la polarité de la membrane et un potentiel plus important se présente à l'intérieur du neurone. Le potentiel de la membrane est alors inversé. On dit que le neurone est *dépolarisé* [en fait, il est même polarisé en sens inverse : négatif à l'extérieur, positif à l'intérieur]. La cellule vient de provoquer un potentiel d'action, également nommé *influx nerveux*. Cette inversion de polarité se propage de proche en proche sur toute la membrane du neurone, puis se diffuse le long de l'axone.

L'inversion de polarité ne peut dépasser une certaine valeur, car l'entrée des ions Na^+ est compensée par une sortie des ions K^+, restaurant donc progressivement un potentiel moins important à l'intérieur de la cellule. La *pompe Na/K* entre aussi en action pour restituer les concentrations initiales en ions, et le neurone est repolarisé. Le *processus complet dure moins d'un millième de seconde*. Après un temps très bref, appelé *période réfractaire*, on observe un retour au potentiel de repos ; le neurone est de nouveau prêt à produire un potentiel d'action. Les influx nerveux se propagent de manière continue le long des fibres amyéliniques.

Les fibres nerveuses conductrices myélinisées peuvent conduire l'influx beaucoup plus vite, jusqu'à 125 m/s, comme elles sont, à la manière d'un câble, isolées par une gaine de myéline.

FIBRES NERVEUSES[116]

TYPES DE FIBRES	FONCTION	DIAMETRE [µM]	VITESSE DE PROPAGATION DE L'INFLUX [M/S]
Aα	Afférences fuseau musculaire et afférences visuelles. Efférences du muscle squelettique.	15	70-125

Quand le signal électrique parvient à l'extrémité de l'axone [terminaison synaptique], il provoque la migration de petits sacs appelés vésicules synaptiques. Celles-ci sont

---

[116] S. SILBERNAGL & A. DESPOPOULOS, « Atlas de poche de physiologie »

constituées par une sphère limitée par une membrane et renferment des molécules de neurotransmetteur synthétisées par le neurone. Lorsque l'influx atteint la terminaison, des ions calcium traversent la membrane cellulaire.

Le calcium stimule le mouvement des vésicules et entraîne leur fusion avec la membrane de la cellule nerveuse. Les molécules de neurotransmetteur contenues dans les vésicules sont alors libérées dans l'espace synaptique et se fixent à des récepteurs spécifiques sur la surface du neurone adjacent. Le neuromédiateur provoque alors la dépolarisation du neurone et la formation d'un nouveau potentiel d'action, d'une *contraction musculaire.*

Les nerfs rachidiens sont de courts troncs nerveux de *1 centimètre* de longueur contenus dans les trous de conjugaisons. Chez l'homme, on compte 31 paires de nerfs rachidiens qui quittent le canal rachidien par les trous de conjugaison. Chaque paire de nerfs rachidiens innerve un segment du corps.

« *Un Ifrit dit : « Je te [Soūlāymān] l'apporterai [trône] avant que tu ne te lèves de ta place… » (Coran, 27-39)*

Le terme *apporter* [*Ah-tîkâ bihî*] désigne le fait de prendre avec soi [Ifrit] et porter au lieu [région de Guizèh en Egypte] où est quelqu'un [*Soūlāymān*] quelque chose [trône].

Soūlāymān régnait en Egypte. Il s'installe dans la région de Guizèh [*al-Jiza*], ville du Nord de l'Egypte, sur la rive gauche du Nil. Guizèh est un site occupé par une ville importante depuis, selon les spécialistes, l'époque de la 4e dynastie pharaonique [v. -2680 av. J.C.-2544 av. J.C.].

e - Soūlāymān et le potentiel d'action

Lorsqu'une cellule excitable subit un stimulus, la stimulation provoque une modification de son potentiel de membrane de même que de la conductance ionique. Si le stimulus est suffisamment intense, par exemple *Soūlāymān* qui se lève de son siège, il se produit un *Potentiel d'Action* [PA], qui représente au niveau du nerf le signal transmis et qui produit une contraction de l'ensemble de muscles [psoas, iliaque, fessiers, adducteurs de la cuisse, droit interne, biceps crural, etc.]. Cette contraction musculaire provoque un mouvement de bas vers le haut du corps. Cette action s'effectue à peu près en 1/100è de seconde étant donné les paramètres de la fibre $A\alpha$ et de la vitesse moyenne de propagation de l'influx à 70m/s.

« *Quelqu'un [Ifrit] qui avait une connaissance du Livre dit : « Je te l'apporterai [trône] avant que tu n'aies cligné de l'œil* » *(Coran, 27-40)*

La neurophysiologie établit que le réflexe cornéen est une protection de l'œil. Un attouchement de la cornée [afférence par le nerf trijumeau] ou même simplement l'approche d'un objet, d'un insecte par exemple, au voisinage de l'œil [afférence par le nerf optique] produit le clignement de l'œil ou la fermeture des paupières.

La vitesse de conduction agissant sur la motricité oculaire est extrêmement rapide, environ 1/1000è de seconde, en prenant la vitesse moyenne de propagation de l'influx à 125 m/s.

ESTIMATION DE LA VITESSE DES IFRIT

IFRIT « N'AYANT PAS LA CONNAISSANCE DU LIVRE »	IFRIT « AYANT LA CONNAISSANCE DU LIVRE »
• Transport du trône d'une masse évaluée à environs 150-300 kg • Trajet « à vol d'oiseau » • *Saba* ou *Marib* [Yémen] - Région de *Guizèh* [Egypte]	
Aller simple = 2130 km	Aller simple = 2130 km
Aller-retour = 2130 x 2 = 4260 km	Aller-retour = 2130 x 2 = 4260 km
Vitesse moyenne de propagation de l'influx et le temps de réaction des muscles concernés : 70 m/s $\Rightarrow$ 70 m/s = 700 cm/s $v = d/t = t = d/v = 1/700 = 0,0014$ s *v : vitesse - d : distance - t : temps*	Vitesse moyenne de propagation de l'influx et le temps de réaction des muscles concernés : 125 m/s $\Rightarrow$ 125 m/s = 1250 cm/s $v = d/t = t = d/v = 1/1250 = 0,0008$ s *v : vitesse - d : distance - t : temps*
Vitesse de motricité du corps [« *se lever du siège* »] : = 1/100è de seconde	Vitesse de motricité cornéenne[117] [« *clignement de l'œil* »] : = 1/1000è de seconde
L'Ifrit parcourt 4260 km en 0,0014 seconde.	L'Ifrit parcourt 4260 km en 0,0008 seconde.
La vitesse du Ifrit va bien au-delà de la vitesse de la lumière !	

---

[117] Directement logé dans la cavité crânienne, le nerf optique atteint celui-ci par le canal optique. Il constitue avec le nerf optique controlatéral le chiasma optique.

« ...Quand ensuite Soūlāymān a vu le trône installé auprès de lui,... » (Coran, 27-40)

Le trône de plusieurs dizaines de kilos [150-300 kg[118]] apparaît instantanément à côté de Soūlāymān. Allah instruit que la puissance et la connaissance, Il les distribue à qui Il veut parmi Ses créatures. De plus, une entité *qui n'a pas une connaissance du Livre* si puissante soit-elle est toujours distincte d'une autre *qui a une connaissance du Livre*. Ainsi, certains Ifrit détiennent une place auprès d'Allah qui leur vaut leur particularité.

« Et il [Soūlāymān] dit [encore] : « Rendez-lui son trône méconnaissable, ... » (Coran, 27-41)

Ce verset nous informe que le trône n'avait subit aucune variation structurelle ou morphologique due aux frottements avec l'air lors de son déplacement de Saba [actuel *Mareb*]. Cela confirme que la vitesse du *Ifrit* est d'une telle vélocité qu'un objet, par exemple le trône, n'a pas « *eu le temps* » de subir la moindre altération physico-chimique.

Le Jinn se déplace de manière totalement autonome. L'énergie qui propulse le Jinn au-delà de la surface terrestre et qui développe son principe d'action est d'une intensité démesurée.

Même de masse minime [ici l'unité de masse est molaire], la poussée totale développée par le Jinn dépend

---

[118] Il s'agit d'une estimation qui est faite d'après divers trônes royaux ou pharaoniques usités dans l'Antiquité [Egypte, Perse, Mésopotamie, Assyrie, etc.].

principalement de sa rapidité très élevée avec laquelle il peut se mouvoir et subir le frottement avec l'air, les particules d'eau, etc.

f - Déplacement aérien des Jinn

Après la thermosphère, le mouvement des Jinn est plus libre car ils rentrent dans un milieu qui se rapproche du vide[119]. Les Jinn passent entre l'atmosphère terrestre et l'espace intersidéral à très haute vitesse. L'altitude n'influe guère sur les Jinn. Par exemple, leur passage à l'altitude de 200 km, où l'atmosphère résiduelle est suffisamment dense [phénomène de frottement aérodynamique], n'a aucun effet sur leur vitesse ou leur accélération.

« … *et parmi les Shayātīn, il en était qui … faisaient d'autres travaux encore…*» *(Coran, 21-82)*

Les Jinn, pionniers de l'observation de la Terre depuis l'espace, scrutent la surface du globe et utilisent les données à leurs propres fins. Traitées pour générer des travaux, ces données fournissent des informations très diversifiées : renseignements sur les caractéristiques des sols, la présence d'eau, les sites parfaits pour l'édification des constructions, etc. Les Jinn permettent d'établir très précisément la position de n'importe quel emplacement ou situation sur la surface terrestre.

---

[119] NAS E. BOUTAMMINA, « Le Jinn, créature de l'Invisible », Edit. BoD, Paris [France], janvier 2011.

VII - Architecture des citées antiques

« *Aux anciennes constructions monumentales[120] égyptiennes, mésopotamiennes, perses ou aztèques, quelle explication rationnelle donne-t-on à leur architecture ?* » La question est souvent posée.

Dans les sociétés de l'Antiquité jusqu'au Moyen-âge avant l'avènement de l'Islam[121] et de sa civilisation, l'Univers n'est expliqué que par la *cosmogonie*[122]. Celle-ci est une interprétation exclusivement *religio-mythique*. La Science est encore inconnue. Dès lors, il n'existe aucun rapport entre le monde *religio-mythique* et scientifique. En effet, dans le monde moderne où la Science et la Technologie régulent la vie et les sociétés, des milliards d'être humains ont toujours pour religion la mythologie, les légendes, la superstition, l'occultisme, etc. Ainsi, par exemple, un mathématicien ou un physicien accepte et croit au concept de la *Trinité chrétienne* tout en démontrant avec conviction au quotidien, dans sa profession, qu'intellectuellement et scientifiquement : 1+1+1 = 3.

---

[120] NAS E. BOUTAMMINA, « Les contes des mille et un mythes - Volume II », Edit. BoD, Paris [France], novembre 2011.
[121] L'*Islam* n'est pas une religion telle qu'on la conçoit dans le judéo-christianisme, mais un *Mode de Vie*, une *Société humaine de bon sens, de nature rationnelle, scientifique.*
[122] *Cosmogonie.* En mythologie, ensemble des mythes décrivant la naissance de l'univers.

Revenons à notre question. Pourquoi des bâtisseurs de certains monuments dont la construction semble, au premier abord, nécessiter des modèles mathématiques aussi complexes, croient-ils avec ferveur à la mythologie cosmogonique où Gaïa et Isis sont les déesses de la terre ou de la nature donc responsables de la flore, des minéraux, etc., où Zeus et Râ, dieux des éléments et de la création, sont les créateurs de la faune, de la flore, de l'Homme, de l'Univers.

Si ces constructions ont nécessité des modèles mathématiques, c'est à dire le résultat d'une complexité intellectuelle, pourquoi vénèrent-ils les idoles, les mythes, les légendes et les fables ? Leur réflexion aurait du les pousser tout naturellement vers le rationalisme, vers la science et vers les lois physiques de la nature !

L'*Histoire Orthodoxe*[123], le pseudo rationalisme, l'athéisme, les pseudo-scientifiques, etc., veulent nous imposer à croire que l'Homme peut, de tout temps, par de simples stimuli de son intellect répondre aux problèmes métaphysiques cohérents et aux lois physiques. Cela est d'une telle ineptie !

---

[123] *Histoire Orthodoxe*. Version historique et historiographique inventée et compilée au Moyen-Âge sous la férule des hauts dignitaires de l'Eglise [moines copistes dans les Scriptoriums] parachevée et institutionnalisée à la Renaissance par les Humanistes [ateliers de l'imprimerie] et qui établit l'Histoire de l'Occident et du monde [Orient, Islam, etc.] pour la postérité. C'est cette même Histoire Orthodoxe qui est toujours pérennisée par les Universités, les Instituts, les écoles, les collèges, les lycées, etc. Cf. NAS E. BOUTAMMINA, « Index Historum Prohibitorum », Edit. BoD, Paris [France], juin 2015.

A - Quelques définitions

Toute construction d'édifice suppose faire face à des problèmes *physiques* tels que : étude thermique, analyse des structures et des résistances des matériaux, dynamique de la matière [statique, pressions, tensions, tractions], etc. ; *chimiques* : composition chimique des matériaux, liaisons atomiques et adhérences, etc. ou *géologiques* comme la composition micro et macroscopique des substances, observation de terrain, examen du sol et sous-sol, etc.

Ajoutons à cela les moyens informatiques de simulation et les techniques de mise en œuvre évolutives. De plus, un savoir esthétique et une pratique plastique sont nécessaires. Enfin, pour répondre aux problèmes d'urbanisme l'architecte acquiert les rudiments des sciences humaines [sociologie, psychologie, ergonomie, etc.]. Toutes ces connaissances s'inscrivent sous le vocable de l'*ingénierie*.

La fonction d'architecte ne se limite actuellement qu'à certains édifices. En effet, la majorité des bâtiments sont construits sans qu'un architecte notoire n'intervienne. C'est le cas de l'ensemble des constructions vernaculaires.

L'*architecte* de l'Antiquité que nous dépeint l'Histoire n'a d'architecte que le nom. Le terme *bâtisseur, maçon* ou *tailleur de pierre* est plus adéquat. En effet, le bâtisseur dont l'entrepreneur est généralement l'usager ou un artisan spécialisé, doit son expérience sur des savoirs traditionnels. L'expression grecque *arkhitektôn* signifie habituellement le *maître charpentier*.

Les philosophes créent un mythe autour de cette profession où ils voient son caractère surpasser celui du sculpteur ou du peintre considéré comme simple copieur de la réalité.

D'abondants manuscrits médiévaux définissent Dieu comme *l'Architecte de l'Univers*[124], ce qui explique la considération de cette tâche. Certains voient dans cette appellation le *Démiurge inférieur* ou dieu malfaisant identifié à *Shaytān* [*Satan*].

Dans les sociétés antiques des IIe et Ve millénaires av. J.C., c'est le clergé qui formule les règles de construction. Les chefs de chantiers ont un rang social élevé et dépendent de la même catégorie socioprofessionnelle que les tailleurs de pierre ou les maçons. Ils sont *architectes*[125] et entrepreneurs.

Nous savons pourtant que les hommes qui pratiquent cette activité ne sont pas désignés en tant que tels, mais le plus souvent comme *maitres maçons*.

Le terme *architecteur*, puis *architecte*, de l'italien *architettore,* ne paraît en France qu'au commencement de la Renaissance, suite à la campagne de Charles VIII en Italie en 1495. Jusqu'au XVIIIe siècle, la profession s'identifie encore avec celle d'entrepreneur.

---

[124] *Architecte de l'Univers* est un des hauts signes de la Franc-maçonnerie qui use également dans sa liturgie des termes d'architecte, de maçon, de bâtisseur, d'édifice, etc.
[125] D'un point de vue didactique, on garde les termes *architecte* et *architecture*.

L'empirisme est la règle jusqu'au XVIIIe siècle et les architectes, tels ceux de l'Antiquité, tiennent leur connaissance de l'expérience et de l'intuition. Ils ne construisent que les bâtisses courantes et exceptionnellement des édifices de dimensions convenables. Toutes les constructions titanesques qui demeurent des interrogations ne sont pas érigées par l'Homme !

L'effondrement, d'innombrables temples, palais et demeures des sociétés antiques n'est jamais mentionné par l'Histoire et l'Historiographie ; les ruines exposées au tourisme datent sûrement du moment même de leur construction. Ainsi, en 1284, l'écroulement des voûtes du chœur de la cathédrale de Beauvais démontre que l'audace de l'architecte a souvent précédé son savoir. Il s'agit d'une construction édifiée simplement par l'Homme !

Les notions d'architecture et d'architecte de l'Antiquité ne ressemblent en rien et n'ont rien de commun avec celles qui nous sont familières !

B - *Le mythe des sciences antiques*

Toutes les « *sociétés* » avant l'avènement de l'Islam et en particulier la « *société* » égyptienne, perse, grecque, romaine etc., se meuvent dans le bourbier de la mythologie et de la superstition. La Science et la mythologie sont antinomiques, de même la superstition, la légende et la *Connaissance rationnelle*. La mythologie se définit comme un phénomène culturel complexe composé de récits mettant des êtres surnaturels, chargés de symboles qui narrent la genèse du monde, des dieux, la création des animaux, des hommes, l'origine des traditions, des rites et de certaines formes de l'activité humaine.

Ces récits sont le produit de l'*Ignorance*. De même, la superstition est la croyance du sentiment mythologique qui exprime une foi dans des forces invisibles et inconnues et qui peuvent être influencées par des objets et des rites.

Tirer des lois générales d'une observation des phénomènes naturels est inconcevable si la conception intellectuelle du monde est figée dans la mythologie, la superstition, les fables et la magie.

La croyance antique véhicule des idées d'autant plus fausses qu'elles sont de conception humaine. L'histoire scientifique démontre l'univers intellectuel égyptien, mésopotamien, perse, etc. solidifié dans leur affabulation qui leur sert de croyance.

Il faudrait une fois pour toutes faire cesser ces idées facétieuses que transmet l'Histoire Orthodoxe, celles de nous imposer à croire que les sociétés antiques, telles que l'Egypte et notamment la Grèce [qui n'est qu'un vassal culturel de l'Egypte] sont les pays de prédilection de la culture, de la haute moralité et des sciences qu'ils ont transmises au reste du monde[126] *!*

La logique de ce raisonnement impose de se poser une question essentielle : où sont les documents [ouvrages, textes, recueils, manuscrits originaux ou copies] dénotant ces

---

[126] Nas E. Boutammina, « Comprendre la Renaissance - Falsification et fabrication de l'Histoire de l'Occident », Edit. BoD, Paris [France], avril 2015. 2ᵉ édition.

assertions qui relèvent plus du panégyrique que du scientifique !

L'Egypte, la Mésopotamie, la Perse et encore moins la Grèce ne connaissent la Science ; ils sont dans l'incapacité mentale de s'en faire une idée !

Pour que la recherche et la découverte du principe de la matière puissent se manifester, il faut se défaire mentalement de la mythologie, de la superstition, des légendes et du culte des héros ; ce qui est impossible dans la culture et le mode de vie de la société égyptienne en particulier et des sociétés antiques en général. De plus, le relèvement moral et les réformes sociales en sont le prologue pour s'approcher d'une telle idée !

Les Egyptiens et tous les peuples antiques sont dans une indisposition d'esprit incompatible avec la recherche scientifique et son application pratique !

C - *La pensée anti-scientifique*

Pour les Egyptiens, les Grecs, etc., la plus minime des généralisations empiriques s'exprime par une interprétation mythologique. Si les lois de la nature incarnent des divinités ou des démons, leurs observations sont vaines car la conception même de l'idée qui s'engage au-delà des faits demeure inconnue.

Dès lors, les théories scientifiques qui les étayent n'ont aucune existence. Elles ne peuvent pas servir à s'informer du cours de la nature, n'ont aucun pouvoir explicatif et en conséquence guère d'utilité.

Une société de culture foncièrement mythologique et magique est une société antiscientifique. L'image du savant parvenant à des découvertes sur une conception mythique de l'esprit est ici complètement rejetée [non sens] !

D - *La science au service des progrès humains*

Les raisons de la métamorphose dans le concept scientifique sont l'existence de facteurs sociaux, culturels, politiques et moraux qui sont les principales causes du changement mental contribuant ainsi, à la découverte de la vérité. Ces différents facteurs sont l'innovation de l'Islam, auteur d'une révolution spirituelle, politique, culturelle, socioéconomique et scientifique[127]. On retrouve ces mêmes éléments au XXe siècle où la modification radicale des facteurs sociaux, culturels et politiques est le fondement des progrès et de la compétition culturelle scientifique et technologique. La spéculation mythologique représente les besoins pratiques de la vie quotidienne incarnant pour chaque objet ou chaque nom une divinité dont on leur accorde scrupuleusement des rites et des offrandes. Les sociétés antiques « *philosophent* » sur les attributs des dieux et des relations qu'ils peuvent entretenir avec la nature et les sentiments humains ; ils expliquent de cette manière l'Univers.

La science naît et se développe que pour l'utilité humaine et les progrès de la société. Ainsi, elle libère l'Homme non seulement de la contrainte des forces naturelles, mais

---

[127] NAS E. BOUTAMMINA, « Les contes des mille et un mythes - Volume II », Edit. BoD, Paris [France], novembre 2011.

également à l'égard de l'Ignorance, des oppressions et des servitudes sociales : là est la raison d'être de la science !

A. Bonnard[128] formule que l'esclavage ne se contente pas de rendre inutile l'invention des moyens mécaniques de production : l'esclavage a tendance à freiner les recherches scientifiques qui auraient permis la création des machines. C'est dire qu'il fait obstacle au développement même de la science.

L'Islam a mis un terme définitif à la longue période de l'ignorance, de l'obscurantisme et du Désordre mental[129] qui ont régnés de la Préhistoire au Moyen-Age via l'Antiquité ; sous forme de barbarie, de superstitions, de croyances mythologiques, de magie, de légendes et qui ont été les seules conceptions intellectuelles de l'univers !

Dieu, par sa libéralité, décide d'établir l'ordre[130], de relever l'humanité de sa déchéance et de l'améliorer par des dons spirituel, moral, intellectuel et matériel en catalysant l'esprit de certaines de ses créatures[131] !

---

[128] A. BONNARD, « La civilisation grecque »
[129] « CORAN, 45. 17-18 ; 96. 1-5 ; 98. 1-3 »
[130] « CORAN, 45. 17-18 »
[131] Le *hasard* ou éventualité heureuse ou malheureuse appelée *chance* ou encore chance de réalisation d'un événement nommée *probabilité* n'existe pas dans les lois de la nature. Ceux-ci sont une invention humaine, celle des adeptes du matérialisme et de l'athéisme au XVIIIe siècle pour essayer d'interpréter les événements incompréhensibles. Afin de rendre plus crédible leur thèse et ces notions, ils créent une branche des mathématiques dont le fondement est la théorie des probabilités appliquée aux jeux de hasard.

VIII - Les Jinn construisent pour Soūlāymān

-

Le plateau de Guizèh

Le nom de Soūlāymān est étroitement lié aux entités intelligentes qu'Allah nomme les *Jinn*[132]. Soūlāymān est également associé à certaines activités *jinniennes* et notamment celles qui ont attrait aux constructions monumentales inexpliquées par le raisonnement humain.

Fils et successeur de Dāwoūd, Soūlāymān continue l'activité de son père : développement de l'administration, encouragement du commerce par les routes reliant l'Afrique, l'Asie, l'Arabie [Yémen]. Il étend son domaine à l'Ouest de la région de Suez où il entreprend un programme de constructions qu'atteste le plateau de Guizèh. Pour cet effet, Allah a mis à sa disposition, les Jinn.

« … *Et parmi les Jinn, il y en a qui travaillaient sous ses ordres* [*de Soūlāymān*], *par permission de son Seigneur. Quiconque d'entre eux* [*Jinn*], *cependant, déviait de Notre ordre, Nous lui faisions goûter au châtiment de la fournaise* » (*Coran, 34-12*)

---

[132] *Jinn*. Nom masculin invariant en genre et en nombre.

L'activité ou le travail des Jinn est considéré comme un facteur de production. Il intervient dans le processus de création des biens et des services et représente une ressource pour Soūlāymān. Les tâches *jinniennes* sont très diverses et la manière même qu'ils ont de les organiser détermine en grande partie leur efficacité *inhumaine*.

Le fait d'être au service de Soūlāymān ne fait l'objet d'aucune négociation entre lui et les Jinn. En effet, Allah leur ordonne et ils se soumettent car leur négligence ou leur rébellion entraîne irrémédiablement et immédiatement la sanction prévue à cet effet : *le châtiment de la fournaise* !

« …*Quiconque d'entre eux [Jinn], cependant, déviait de Notre ordre, Nous lui faisions goûter au châtiment de la fournaise* » *(Coran, 34-12)*

La crainte d'Allah permet de décrire et *a fortiori* d'expliquer, l'état d'esprit des Jinn qui sont sous l'effet de la soumission aveugle. Cette obéissance va régir l'organisation interne du travail et les relations entre eux et Soūlāymān. Ainsi, la discipline résulte de l'effroi que leur inspire Allah et non celui de leur *employeur*, en l'occurrence, Soūlāymān.

« … *Et parmi les Jinn il y en a qui travaillaient sous ses ordres, par permission de son Seigneur…* » *(Coran, 34-12)*

Sûrs de leur puissance physique et cognitive, les Jinn ne craignent aucunement les humains, ces créatures si faibles et si insignifiantes !

Les Jinn ne sont pas en mesure de faire de véritables choix sur leur travail, la menace de la sanction divine les oblige à accepter les conditions imposées par Soūlāymān. Ainsi, l'emploi des Jinn à certaines tâches n'est que la résultante de l'arrêté d'Allah.

L'organisation et la nature des fonctions au sein d'un projet jinnien commun est une méthode qui repose sur la rationalisation du travail. Cela consiste dans la division entre les tâches des concepteurs, qui garantissent la mise au point des produits et le suivi des procédés de production, et les tâches des exécutants, chargés d'appliquer des consignes.

Cette activité jinnienne collective se révèle d'une efficacité prodigieuse et qui souligne les limites de la compréhension. Les transformations pharamineuses et pratiquement instantanées des sites où besognent les Jinn apparaissent ainsi sans qu'aucun texte ou mémoire humaine ne puissent les fixer.

En effet, aucun œil humain n'a vu ériger de telles architectures sinon comment expliquer qu'aucun témoignage sur quelque support que ce soit ne décrit les édifices monumentaux !

La spécialisation des Jinn à leur poste accroît leur aptitude et leur efficacité. Les activités jinniennes se définissent en des opérations de production qui sont réparties entre différents groupes de Jinn *spécialisés* dans l'exécution d'une tâche précise. Ces derniers se consacrent à une plus grande productivité qui découle de plusieurs facteurs. Les plus importants sont leur efficacité individuelle liée à leur constitution «*physique*» ainsi que des compétences du fait de leur faculté cognitive et à leur dextérité manuelle. De plus, une économie de temps due surtout à une rapidité découlant de leurs aptitudes physiques qui ne nécessitent pas l'emploi d'outillage, le développement de machines et d'équipements hautement productifs et spécialisés. Ainsi, les Jinn fournissent une main-d'œuvre hautement qualifiée et très efficace, contrainte d'accepter des conditions divines. Par nature, l'ampleur du *travail* d'un Jinn est difficile à mesurer mais les vestiges de nature inhumaine par leur ampleur, leur forme géométrique, leur robustesse ; la structure, la morphologie et la dimension des matériaux utilisés ainsi que le choix du site et la grandeur imposante des édifices donnent une idée de la puissance de ceux qui les ont édifiés : les *Jinn*.

Afin d'échapper à la peine qui a été substituée à la condamnation «…*goûter au châtiment de la fournaise*», les Jinn doivent œuvrer pour le compte de Soūlāymān. Le Jinn condamné est astreint à accomplir son quota de travail obligatoire. Si le Jinn refuse de l'effectuer, la peine prononcée s'applique.

L'activité du Jinn peut prendre de multiples formes comme la construction, la rénovation, la plongée, la messagerie, l'engagement militaire, etc.

«…*Et parmi les Jinn il y en a qui travaillaient sous ses ordres* [*de Soūlāymān*], *par permission de son Seigneur. Quiconque d'entre eux* [*Jinn*], *cependant, déviait de Notre*

ordre, Nous lui faisions goûter au châtiment de la fournaise »
(Coran, 34-12)

Les Jinn sont des bâtisseurs hors pairs et leurs activités comprennent notamment la construction d'édifices complexes et imposants.

Le *cahier des charges* fourni au « *promoteur immobilier* » Soūlāymān comprend l'exécution du gros œuvre, correspondant à l'ensemble des éléments portants d'une construction [fondations, structure, etc.] et du second œuvre, relatif aux travaux tels que cloisonnements, revêtements et aménagements [conduits], aux techniques d'habillage des façades [revêtements d'or, de marbre, granit, de calcaire blanc poli, etc.]. Les diverses tâches sont exécutées par les Jinn, réunis en « *corps d'état* ». Le travail des Jinn ne ressemble en rien à celui des humains tant du point de vue esthétique, pratique qu'architectural.

Depuis des millénaires, de grands projets d'édification inexpliqués ont été réalisés par les Jinn. En témoignent, dans le monde entier, des œuvres d'architecture monumentale, telles que les pyramides égyptiennes, les constructions des civilisations précolombiennes, les temples, les palais d'envergure, etc.

Les capacités techniques jinniennes qui sont mises en œuvre sont simplement ahurissantes. Ces réalisations témoignent de la maîtrise de la matière, du volume et de l'espace au sens strict du terme, d'un art dans la construction et d'une créativité remarquable. Au fil du temps, *aucun de ces vestiges jinniens n'a été imité ou égalé par l'Homme.* Pour cause, toutes ces techniques et innovations dérivent de la connaissance des matériaux, de l'inventivité des Jinn qui se passent d'instruments de travail permettant l'exécution de tâches complexes ou nécessitant une force importante.

Les Jinn sont à l'origine de réalisations hardies, de formes jamais imaginées par l'Homme et des théories modernes de l'architecture !

Nombre de chantiers jinniens, par exemple la grande pyramide de Guizèh, consistent pour une grande part, après les opérations nécessaires de terrassement et de préparation du terrain, à la pose de pièces en pierre de 2,5 à 600 tonnes.

Parfaitement imbriquées entre elles et selon une forme géométrique parfaite, celle-ci [grande pyramide de Guizèh] ne peut être appréciée que selon une vue aérienne !

Les limites de dimensions que peuvent connaître les matériaux architectoniques sont essentiellement dues aux contraintes liées à leur transport. Des pierres de 2,5 à 600 tonnes sont couramment utilisées sur tous les chantiers et les Jinn sont capables de transporter sans problème des panneaux d'une longueur pouvant atteindre 15 mètres à une hauteur de 140 mètres. Le cœur de l'édifice peut être parcouru par d'innombrables tunnels, viaducs et virages sur le trajet. Il ne révèle aucune contrainte.

La *construction* et, par extension, la structure que les Jinn édifient est un ensemble de techniques qui s'écarte radicalement de la fabrication artisanale à pied d'œuvre de type humain.

La construction jinnienne se concentre, sur le chantier, sur des composants monumentaux, intégrés et fabriqués de manière industrielle. En cela, elle se caractérise par une plus grande coordination dimensionnelle : les structures et leurs composants sont conçus et fabriqués comme des multiples d'un élément standard, ce qui élimine la découpe et l'ajustage à pied d'œuvre. Dans les opérations de construction du plateau de Guizèh, Soūlāymān, le maître d'ouvrage disposant du terrain, décide de réaliser les travaux et les Jinn fixent le programme de réalisation[133]. Soūlāymān confie l'établissement du projet de construction et le contrôle de l'exécution au *maître d'œuvre jinnien*. Ce dernier s'assure que le programme de construction est réalisable et conçoit le projet en respectant les avis du maître d'ouvrage. Soūlāymān ne surveille pas le chantier et n'assiste pas le maître d'œuvre pour la réalisation des travaux.

Les principales étapes et éléments des constructions du plateau de Guizèh comprennent par exemple :

- sonder le terrain. L'exploration aérienne du site est le meilleur procédé pour faire un choix sur l'emplacement des futures constructions,

---

[133] Moūwça a vécu en Egypte comme enfant adoptif du Pharaon, il aurait pu être roi de ce pays si d'autres projets ne s'étaient pas présentés à lui. Yoūwçoūf vécu en Egypte et a été ministre du roi de ce pays et son successeur. De même Dāwoūd a vécu en Egypte et a été roi, ainsi que son successeur Soūlāymān. Ce qui est très étrange est qu'aucune information de type historique ne subsiste concernant le lien entre ces personnages et l'Egypte du moins en ce qui concerne Dāwoūd et Soūlāymān !

- les fondations, qui permettent à l'édifice de reposer sur le sol tout en le supportant et en assurant sa stabilité. Donc des centaines de milliers [millions] de mètres cube de sable sont extraits,
- la structure ou ossature, qui garantit la stabilité aérienne de l'ouvrage, supporte toutes les charges appliquées et transmet aux fondations les contraintes dues au poids de l'édifice, aux charges d'occupation et aux sollicitations exercées par la chaleur, le vent, les secousses sismiques, etc.
- les murs porteurs qui s'intègrent à la structure, ainsi que les piliers, les poutres et les planchers qui définissent l'ossature
- les systèmes de circulation verticale : tunnels, conduits, escaliers, cages, etc.
- l'enveloppe, composée de la façade qui la protège des diverses sollicitations : pluie, vent, chaleur, froid, lumière solaire, etc.

Les *charges* appliquées à une construction sont classées en charges *statiques* et *dynamiques*. Les charges statiques comprennent le poids de l'édifice lui-même, ainsi que tous les éléments essentiels de la construction.

Les *charges statiques* subissent une action en permanence vers le bas et s'additionnent en partant du haut de l'édifice vers le bas. Les *charges dynamiques* peuvent être la pression du vent ou le poids du sable, les forces sismiques, les variations thermiques, etc. Les charges dynamiques sont transitoires et peuvent créer des contraintes locales, vibratoires ou de choc.

Généralement, le plan de l'édifice tient compte de l'ensemble des charges statiques et dynamiques afin d'éviter le tassement ou l'effondrement de la construction, ainsi que pour remédier à toute déformation permanente, tout mouvement excessif ou toute rupture en un point quelconque !

A - Fondations

Le plan de la structure d'un édifice dépend étroitement des caractéristiques géologiques du sol sur lequel il repose. Il est aussi lié aux éventuels changements d'un de ces facteurs par les Jinn.

B - Nature du sol

Si une construction doit être élevée en zone, par exemple à risque d'affaissement, d'effondrement ou sismique, le sol doit être sondé jusqu'à une profondeur importante !

Certains sols tels que les alluvions ou les argiles, répandus près du Nil, peuvent se liquéfier lorsqu'ils sont soumis aux ondes de choc d'un tremblement de terre. Les sols argileux peuvent gonfler ou se tasser selon qu'ils sont en phase humide ou en phase sèche.

Les Jinn ont évité de construire à cet endroit !

L'amplitude du mouvement vertical de ces sols peut atteindre quelques décimètres et la pression exercée sur les fondations engendrent des fissures, voire des ruptures. Les sols à forte quantité organique, comme les tourbes, sont sujets, au cours du temps, à un tassement sous la charge d'une construction pour ne plus représenter qu'une partie de leur volume initial, créant de fait l'affaissement de la structure. D'autres sols, de faible cohésion, se dérobent également sous la charge. Qu'ils aient été remblayés, recomposés, asséchés ou arrosés, donc perturbés de quelque manière que ce soit, les sols agissent autrement dès que la construction est achevée. Le sol situé sous un projet de construction change tellement d'un endroit à l'autre qu'il risque de se comprimer différemment, si bien que le bâti en subit les conséquences.

Ainsi, les Jinn « géotechniciens » ont analysé le sol et le sous-sol afin de déterminer la faisabilité des pyramides et autres constructions d'un point de vue technique !

Donc, le cas d'un substrat solide à faible profondeur, les fondations sont plus condensées. Par contre, quand des roches ou des sols évoluent en devenant de moins en moins résistants au fur et à mesure de l'éloignement de la surface, les fondations sont plus étendues, de manière à distribuer plus uniformément la pression due au poids de la construction.

Les *fondations* superficielles descendent au plus à trois mètres sous le socle de la construction [radiers, treillis] tandis que les fondations profondes s'étirent à plus de trois mètres de profondeur sous l'édifice [pieux, caissons]. La fondation choisie dépend de la résistance de la roche ou du sol, du poids de la structure et du niveau de la nappe phréatique. La construction des édifices du plateau de Guizèh relève du besoin du promoteur dont la nature utilitaire [se protéger des éléments] ou symbolique [honorer Dieu, affirmer une puissance] demeure inconnue.

Quoi qu'il en soit, le programme des constructions sous-entend l'énonciation des fonctions et des contraintes auxquelles l'architecture doit satisfaire pour remplir sa fonction !

Face aux diverses contraintes [climatique, matériaux, géologique, géographique, etc.] les Jinn ont des moyens : ils assujettissent des matériaux bruts, en élaborent de nouveaux et maîtrisent des savoirs et des techniques.

Les matériaux [granit, marbre, quartz, etc.] de ces bâtisseurs ô combien particuliers se caractérisent par un ensemble de propriétés physiques de résistance, d'isolation, d'aspect, etc., qui détermine leur emploi !

Les architectes Jinn ne sont pas seulement des techniciens qui répondent à un programme donné, ils sont libres de concevoir la forme qui leur convient pour leur édifice : *l'invention de la pyramide*. Cela suppose des choix d'ordre plastique et pose l'*architecte Jinn* entre le technicien et l'artiste.

« *Ils [Jinn] exécutaient pour lui [Soūlāymān] ce qu'il voulait : des monuments, des statues, des plateaux larges tels des bassins et solidement étayés comme un récipient...* » *(Coran, 34-13[134])*

---

[134] La version du Coran de E.F. KASIRMISKI de la partie qui nous intéresse du verset 34-13 est la suivante : « *Ils exécutaient pour lui toute sorte de travaux, des palais, des statues, des plateaux larges comme des bassins, des chaudrons solidement étayés comme des montagnes....* »

« *Yâhmalouna lâhou, ma-yâshâ-ou min mâhâriybâ wa tâmathiy-lâ wa khifânine kâlou l'khâwâ-â-bi wa qoudourine râsiyâtine…* » *(Coran, 34-13)*

L'objet architectural est un sujet spécifique et complexe. Son statut se situe entre l'objet d'art, archéologique ou monument historique et objet d'emploi usuel. L'attention qui lui est portée est rarement attentif à l'ensemble de ses composantes [fonctionnelles, symboliques, esthétiques, plastiques, historiques, etc.]. Incorporé dans un jeu complexe de contraintes techniques et spatio-temporels, il ne se livre pas directement à l'œil : une habileté à l'appréhender est essentielle.

L'essence d'une architecture jinnienne est son caractère tridimensionnel. Elle ne se livre ainsi que progressivement au regard, pour celui qui sait observer. Les vues sont partielles et successives, c'est l'intelligence et la culture qui offrent une vue globale d'un édifice. Si l'observation statique consent à appréhender une représentation, l'architecture suppose le déplacement comme mode de découverte. Outre l'expérience physique directe de la visite et le mouvement dans un bâtiment, les moyens d'approche et de connaissance d'un édifice varient. Les *architectes Jinn* ont mis au point dans leurs constructions des modes de représentation codifiée qui leur sont propres : le plan, l'élévation, la vue axonométrique notamment.

ALBERT FELIX IGNACE KAZIMIRSKI [ou ALBIN DE BIBERSTEIN - 1808-1887] est un orientaliste arabisant d'origine hongroise qui a rédigé un dictionnaire bilingue arabe-français et plusieurs traductions françaises reconnues, comme celle du *Coran*.

En effet, les égyptologues soutiennent, par exemple au sujet de la grande pyramide en particulier, que c'est un édifice qui a une *fonction funéraire*. C'est une affirmation désinvolte ; se base-t-elle sur un fondement historique, anthropologique, archéologique et rationnel ?

Une architecture jinnienne offre divers niveaux d'intelligibilité. Les relations entre l'intérieur et l'extérieur d'une construction sont modulées par les accès et la nature des matériaux. La pénétration de la lumière [allégorique ou tangible] qui en est le résultat est un élément essentiel de l'usage et de l'esthétique de l'architecture.

L'exemple des pyramides en est un contre-exemple ! Elle ajoute à sa symbolique mystérieuse qui est retrouvée dans de nombreux édifices. L'architecture jinnienne est parvenue à son entière maîtrise : elle domestique et optimise la transparence et la fluidité des espaces, cherchant à faire disparaître la notion « d'intérieur » et « d'extérieur » d'un édifice !

Le regard pour lequel l'architecture a été créée peut être statique ou dynamique. L'impression façonnée est liée à la fonction essentielle que les Jinn aient attachée à leur construction : l'usage et/ou le symbole.

L'intégration de l'édifice à l'environnement naturel est prise en charge par les Jinn. Ils tracent et aménagent l'endroit en relation directe avec son milieu immédiat [dune, désert]. La dimension et la forme du terrain conditionnent leur travail. Ils conçoivent l'ouvrage pour un site naturel précis.

L'édifice jinnien est fait pour durer, il est le témoin du temps. Il ne porte pas en lui les traces des temps qui l'ont vu naître et se transformer. Il exprime un style, mais aucun des modes de vie et les valeurs d'une époque. Le style jinnien ne détermine aucun moyen courant de classement et de datation de l'architecture qui caractérise les édifices !

Ainsi, une statue ou un monument jinnien [par exemple la pyramide] reste muet car leur contexte culturel d'origine ne peut être restitué.

C'est sur le plateau de Guizèh [*al-Jiza*] que l'on retrouve les vestiges jinniens célèbres encore visibles.

Tous les interprètes des versets coraniques traduisent le mot « *Mahariybâ* » par l'expression « *sanctuaires* », alors qu'il s'agit de « *monuments* », terme qui se rapproche le mieux de « *Mahariybâ* ». En effet, l'ouvrage d'un seul Jinn [notamment un *Ifrit*] est impressionnant alors que dire de l'œuvre d'une communauté de Jinn, elle ne peut être que *monumentale* !

C - Les Jinn, auteurs des pyramides

Le Coran enseigne les aptitudes du Jinn *Ifrit* quant à sa puissance physique, à son savoir, à sa dextérité, à son mode de déplacement et à sa vélocité. Il est indéniable qu'une association de Jinn donne le résultat qui se trouve sur le plateau de Guizèh !

Les pyramides du plateau de Guizèh jaillissent d'un coup, au stade final de leur apparition sans qu'aucune ébauche, ni aucune esquisse ne révèle l'établissement de ces projets colossaux. Ces pyramides surgissent sans origine apparente, car le monument édifié sous la précédente dynastie ne peut être considéré comme une étape conduisant aux titanesques et parfaites réalisations du programme de Guizèh !

Le bouleversement révolutionnaire qui se produit dans l'architecture égyptienne n'a pas eu d'autre cause que l'activité hallucinante des *entités jinniennes*. La taille, le déplacement et la pose des massifs blocs de pierre dénotent la capacité technique et la puissance ahurissantes de ces entités. Les Jinn démontrent par-là que la technique de la construction des pyramides reste inégalée dans le monde. En effet, la preuve en est que ces dernières s'affichent comme témoignage de la suprématie des Jinn sur Terre, leur élément naturel et un édifice pour leur culte !

Défiant le temps, la Grande Pyramide, par exemple, est une marque de ces entités invisibles qui est laissée aux humains sans que ces derniers en saisissent le sens !

La taille des blocs dans la Grande Pyramide dont les énormes dalles de granit qui forment le plafond de la « Chambre royale » pesant chacune environ 60 tonnes ; ainsi que la précision de leur assemblage, moins de 5 millimètres d'écart [seuil jamais atteint même avec le matériel moderne] éclairent naturellement sur certaines aptitudes et particularités des Jinn.

W. Durant[135] affirme que pour assurer sa durée et sa résistance, les blocs furent entassés, comme si on les avait eus sous la main et qu'on n'eut pas été obligé de les

---

[135] W. DURANT, « Histoire de la Civilisation I »

amener de carrières situées à plusieurs centaines de kilomètres de distance.

La pyramide de *Kheops* compte 2,5 millions de tonnes qui pèsent en moyenne 2,5 tonnes chacun et dont certains atteignent 150 tonnes. *Et la masse est homogène !* Pour accéder au cœur même de la pyramide et contempler l'énorme réceptacle [« *sarcophage* »] en granit de plusieurs tonnes dans la « *Chambre du Roi* », le déplacement s'effectue à quatre pattes ou en rampant en s'aidant des coudes !

Etrangement, après *Mykérinos*, c'est l'arrêt des constructions des pyramides. Pourquoi ? C'est la grande interrogation. Comprendre pourquoi l'édification des pyramides a cessé subitement, c'est saisir pourquoi leur érection brusque cent ans plus tôt ! La mort de Soūlāymān a fait cesser le contrat qui le liait aux Jinn [*Coran, 34-14*]. Dès lors, c'est l'arrêt des édifices titanesques.

1 - La pierre : usage ancestral

La pierre n'est utilisée en Egypte que pour les édifices religieux mais en aucun cas pour les habitations domestiques. Ce même principe se retrouve dans diverses sociétés telles que mésopotamiennes, perses, mexicaines, incas, etc.

Il existe une tradition qui exige l'usage de la pierre pour la construction de la maison de dieu. L'usage remonte à l'époque de Hādām lorsqu'il érige la Kaaba [cube], une autre forme d'édifice d'inspiration non humaine !

2 - Egypte - Amérique, point commun : les Jinn

L'Egypte solaire et le Mexique solaire s'avèrent être les zones extrêmes d'un même rayonnement ! Qu'on ne s'étonne pas de la *Pyramide du Soleil* à Teotihuacan et la *Pyramide de Kheops* ont des bases mathématiquement semblables !

La pyramide dite de Djeser à quatre gradins qui symbolisent, selon les égyptologues, l'escalier ascensionnel que le *Ka* royal parcourt en s'élevant vers son père, le dieu Soleil *Râ*. Cette conception est encore le secret des temples sur pyramide de l'Amérique. Escalader les marches, c'est rejoindre au cœur mystique du soleil dont les rayonnements revigorent l'initié ou l'âme du défunt. Une autre similitude entre la pyramide de Sakkarah et les *teocalli* mexicains : la momie incorporée. A Palenque, un roi prêtre similaire à Djeser est retrouvé au sein d'un temple pyramide.

Sur la première pyramide dite d'*Imhotep* s'encastre une autre pyramide, haute de 60 mètres environ, à six gradins, sur une base de 121 mètres sur 109 mètres. De même les pyramides aztèques de Teotihuacan et plusieurs *teocallis*[136] mayas contiennent des pyramides antérieures.

A propos de l'organisation politique, l'Egypte des premières dynasties se présente comme une théocratie rigoureuse, exactement analogue au Mexique des mayas et au Pérou des Incas. Le Pharaon administre le territoire en tant que responsable des dieux.

---

[136] *Teocalli*. Temple aztèque en forme de pyramide tronquée.

En Egypte comme en Amérique, l'or ne s'utilise pas dans l'économie du pays, il n'est employé que dans le domaine religieux : objets liturgiques, bijoux sacrés, décoration des statues divines, etc.

Les relations entre l'Egypte et l'Amérique sont si frappantes pour divers éléments [architecture, religion, rite funéraire, administration, etc.] qu'une coïncidence ou un *hasard* fortuit est à rejeter. Le même modèle égyptien est reproduit, à une échelle moindre certes, à plusieurs milliers de kilomètres de distance. Ainsi, de tout le continent américain, l'unique société à organisation de type égyptien et centralisée autour d'une pyramide, se situe dans la région du Mexique [Pérou, Bolivie, Colombie][137]. En conséquence, les auteurs directs ou indirects [inspiration] des œuvres architecturales et religieuses d'Amérique sont les mêmes que ceux d'Egypte : les *entités jinniennes*.

Par extension, on retrouve la « *griffe* » des mêmes maîtres d'œuvre des sociétés de Mésopotamie, de Perse, d'Abyssinie, etc. Paradoxalement, le fond *socioculturel* de toutes les sociétés est identique malgré la diversité ethnique, les distances qui séparent les populations humaines et les idiomes qu'ils expriment !

Les Jinn se moquent de la notion de la matière, de la distance, du déplacement et du temps qui sont des concepts ajustés à la conception humaine. L'existence de ces entités est un défi à ces paramètres du raisonnement humain !

---

[137] Nas E. Boutammina, « Expansion de l'Homme sur la Terre depuis son origine par mouvement ondulatoire - Volume IV », Edit. BoD, Paris [France], juillet 2015. 2ᵉ 2dition.

Qu'est-ce pour eux le parcours en une seule traite de 20 000 ou 300 000 000 kilomètres ? Qu'est-ce pour eux le transport de 2,5 tonnes ou 600 tonnes ? Qu'est-ce pour eux l'accès dans un orifice, par exemple, de 5 m ou 15 cm ? La vélocité, la force, le mouvement, l'intelligence, la patience, la ruse, etc., à une échelle inimaginable demeurent des notions intrinsèques à ces entités !

3 - Impossibilité humaine de construire des édifices monumentaux

Pour la construction, par exemples, des pyramides du plateau de Guizèh, de la salle hypostyle de Karnak [avec ses gigantesques piliers et ses statues colossales] et des nombreux temples et palais de tout le pays, les hypothétiques « *architectes* » et les « *ingénieurs* » humains sont dans l'inaptitude, en l'état de leurs connaissances scientifiques et technologiques inexistantes, de dresser un quelconque plan et programme.

La mythologie, la superstition, les fables, le culte des héros et des monarques, ainsi que les légendes sont, répétons-le, l'unique conception intellectuelle de leur Univers !

W. Durant[138] explique que, le dessein et la construction des seules pyramides exigent une précision de mesure qu'il eût été impossible d'atteindre sans des connaissances mathématiques étendues.

Justement, les connaissances mathématiques étendues n'existaient pas à l'époque des pyramides, alors *ceux* qui

---

[138] W. DURANT, « Histoire de la Civilisation I »

ont construit les pyramides disposaient d'autres ressources que nous nommons *scientifiques* ou *technologiques*. Les pyramides à pans lisses de Guizèh où sont dissimulés, d'après les égyptologues, les rois de la IVe dynastie [Snefrou, Kheops, Khephren, et Mykérinos], témoignent de la science de l'architecture des *Jinn* dans la construction monumentale. Les édifices du plateau de Guizèh arborent également les principes essentiels de l'architecture pyramidale qui sont dorénavant parfaitement définis. La Grande Pyramide que les spécialistes baptisent de *Kheops* aux proportions parfaitement maîtrisées, est composée de 2,3 millions de blocs d'une masse moyenne de 2,5 tonnes chacun et mesure 146 mètres de haut. Deux temples unis par une chaussée couverte et agrémentée de bas-reliefs accompagnent chaque pyramide.

La disposition des pyramides du plateau de Guizèh souscrit à affirmer que les édifices sont bâtis selon un tracé obéissant à un plan parfaitement établi !

4 - Pyramides dénommées de Kheops, Khephren et Mykérinos

La classe de termes qui se réfèrent aux pyramides de Guizèh ne se fond sur aucune source. On rapporte que la seule indication concernant *Kheops* a été faite par les égyptologues qui entrevoient dans un endroit qu'ils nomment « *chambres de décharge* » une inscription isolée intitulée *Kheops* [?] ! Afin d'exalter leurs découvertes, certains égyptologues n'ont pas hésité à affubler les pyramides du plateau de Guizèh de noms propres. Ainsi, ils imaginent et construisent sans déterminant : *Kheops, Khephren, Mykérinos*.

Kheops, *Khephren*, *Mykérinos* sont des noms grecs imaginés par les égyptologues. Ainsi, *Khoufou* nom égyptien devient un nom grec *Kheops*. *Khafré* nom égyptien devient *Khephren* et enfin, *Menkaourê* nom égyptien devient *Mykérinos* [sic].

A l'intérieur de la classe de ces noms, les égyptologues distinguent des règnes et des dynasties. Ils créent une chronologie et une biographie sans aucune analyse textuelle comparative et sans qu'aucune relation ne soit établie avec les monuments qui portent leurs noms. Par ailleurs, ils procèdent à une distinction historique entre les diverses pyramides. Au lieu de rester prudent quant aux sources dont ils disposent, ils désignent des notions qu'il n'est pas possible de formuler. Les mêmes substantifs sont employés dans certains contextes comme des certitudes, par exemple, Kheops est un roi et que la Grande Pyramide est sa *sépulture*. Selon les égyptologues, les noms établissent systématiquement un rapport avec l'historique des individus auxquels ils réfèrent, puisqu'ils désignent aussi bien la période que l'événement. Sauf en cas d'une découverte majeure à léguer au patrimoine de la civilisation humaine, les substantifs se répartissent de manière arbitraire sur la période chronologique de l'Egypte Antique. La dénomination par exemple, « *Pyramide de Kheops* », est une caractéristique qui montre que ce nom hérite par principe d'une propriété, la *légitimité*, parce qu'un individu [égyptologue, historien] a décidé que telle ou telle chose doit se nommer ainsi. Cette illégitimité se précise dès qu'une théorie ou une hypothèse la remet en cause.

Aucun texte hiéroglyphique, démotique ou hiératique, aucun icône, aucune gravure dans toute l'Egypte et sa sphère d'influence ne font état d'un quelconque Kheops, Khephren ou Mykérinos ou Khoufou, Khafré, Menkaourê ayant fait spécifier un quelconque projet pour l'érection d'une quelconque pyramide en son nom et qui de plus, lui servira de mausolée. !

5 - Durée de la construction des Pyramides

Aucun renseignement, aucune représentation, ni aucun texte égyptien n'existe sur l'édification des pyramides, sur ses motivations, sa durée et ses modalités. Aucune indication n'émane de quelque source que ce soit des sociétés voisines de celle de l'Egypte, comme la Perse, la Mésopotamie, la Phénicie, l'Arabie, etc.

Ce qui est encore plus étonnant, si l'on croît les égyptologues, c'est que l'ampleur du projet architectural et sa durée ne peuvent pas passer inaperçus dans un pays qui est censé être le centre du monde civilisé. Comment, des quatre coins du monde connu, on vient se cultiver, commercer et établir des relations diplomatiques avec ce puissant royaume et personne n'a été témoin visuel ou auditif d'un chantier d'une telle ampleur ? Pas un seul mot n'a été prononcé ou écrit à propos des pyramides du plateau de Guizèh !

Les égyptologues et les historiens étayent toutes leurs théories qui deviennent des dogmes[139] à partir d'un certain Hérodote [-484 vers -424 av. J.C.], un personnage qui

---

[139] NAS E. BOUTAMMINA, « Les contes des mille et un mythes - Volume II », Edit. BoD, Paris [France], novembre 2011.

prend vie à la Renaissance[140]. Les Egyptiens eux-mêmes qui n'ont rien écrit sur le sujet *avant*, *au moment* et *après* l'édification des pyramides ont patiemment attendu des dizaines de siècles plus tard que le Grec Hérodote vienne établir l'histoire de leurs monuments. C'est un non-sens ! Les égyptologues tentent d'apporter une explication rationnelle, savante, qui doit *concorder* avec les outils, les techniques rudimentaires et fragiles dont les Egyptiens se sont servis. Les pyramides se trouvent dans un quadrilatère aménagé par le delta du Nil, où elles sont parfaitement alignées à l'axe Nord-Sud de la Terre [avec un écart de 1/25e].

Il est incontestable que les bâtisseurs œuvraient selon un plan aérien, connaissaient précisément la situation géomorphologique de la planète et l'astronomie. Toutes ces indications ne désignent aucunement les humains comme constructeurs du plateau de Guizèh et des monuments qui y reposent !

Le *Coran* enseigne les aptitudes d'un Ifrit [Jinn] quant à sa puissance physique, à son savoir, à sa dextérité et à sa vélocité. Il est indéniable qu'une association de Jinn ne fait que multiplier les capacités particulières. Ajoutons à cela une organisation en vue d'un ouvrage commun et le résultat se trouve sur le plateau de Guizèh. Les chroniqueurs, les scribes ou les simples citoyens Egyptiens étaient dans l'incapacité d'être témoins d'une quelconque rumeur d'un projet concernant une quelconque

---

[140] NAS E. BOUTAMMINA, « Comprendre la Renaissance - Falsification et fabrication de l'Histoire de l'Occident », Edit. BoD, Paris [France], avril 2015. 2ᵉ édition.

construction ou étude d'un chantier. *Personne ne le savait !* Aucun Egyptien *n'a eu le temps* de s'en apercevoir, d'autant plus que dans cette zone d'implantation des édifices, les Egyptiens vaquaient à leurs occupations quotidiennes [pêche, agriculture, artisanat, commerce, etc.].

La conception de la forme des monuments, le projet de les édifier, le choix du site, le terrassement de celui-ci, les carrières d'où proviendraient les pierres servant à l'édifice ; l'orientation, la disposition et enfin l'érection des pyramides sur le plateau de Guizèh ont demandé très peu de temps ! On peut déduire qu'indiscutablement, le terrassement du plateau artificiel de Guizèh et l'édification des pyramides n'ont duré que très peu de temps [quelques heures tout au plus] et de surcroît, de nuit !

Le déplacement aérien à moyenne et à haute altitude et à très grande vitesse de blocs de pierre de 2,5 à 600 tonnes ramenés d'une distance de plusieurs milliers de kilomètres du site est un divertissement pour les Jinn. Le travail jinnien se faisait à la faveur de l'obscurité pour plus de discrétion. Les ténèbres n'ont aucun effet sur les Jinn. De plus, l'activité de nuit évite de terroriser les populations locales par le déplacement aérien des énormes rochers[141]; par les mouvements lithiques sur le site de Guizèh et la progression inouïe des édifices sur le chantier !

---

[141] Rappelons encore que les Jinn sont invisibles aux humains. Un Jinn transportant un bloc de pierre de 2,5 à 600 tonnes ne sera pas perceptible par l'humain. Celui-ci ne verra qu'une masse de pierre de 2,5 à 600 tonnes se déplacer seule en l'air sans qu'aucun support ne la touche !

Plateau artificiel de Guizeh

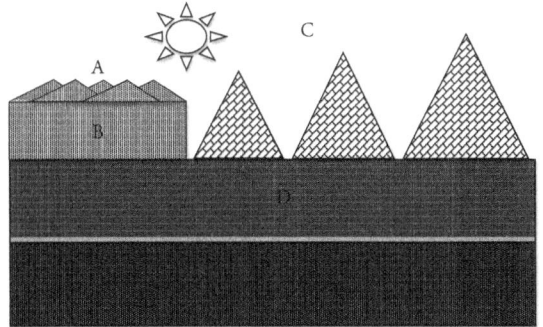

A : Dunes de sable - B : Sable - C : Pyramides - D : Roche sédimentaire [granit, feldspath, grès, etc.]

Alignement des pyramides du plateau de Guizeh
Vue satellite

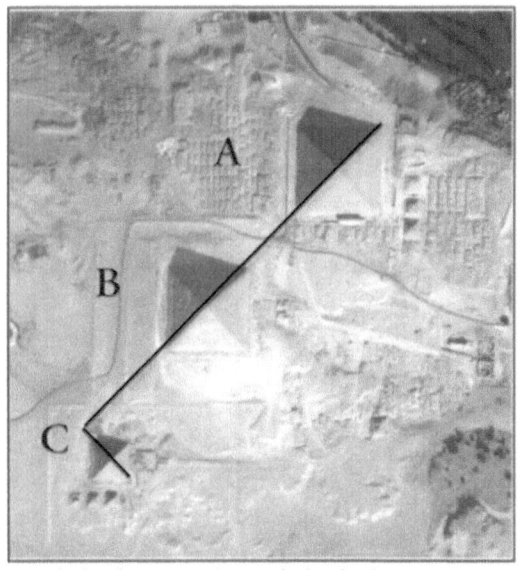

A : Pyramide de Kheops - B : Pyramide de Khephren - C : Pyramide de Mykérinos

6 - Monuments jinniens

Les constructions nommées pyramides d'après leur forme et édifiées principalement en Egypte ancienne n'ont pas la fonction de *demeure d'éternité* du pharaon comme on le prétend. L'Egypte est un pays où tout ce qui attrait aux rois et aux hauts dignitaires se consigne par écrit sur papyrus ou gravé sur la roche.

Il est étrange qu'aucun texte, ni aucune représentation ne signale que les monuments sont un lieu funéraire !

L'apparition spontanée des imposantes pyramides à Guizèh marque l'imaginaire des Egyptiens qui tentent maladroitement en tant qu'humains d'édifier les pyramides par imitation, mais hélas sans succès.

Les égyptologues affirment qu'au Moyen Empire [2040-1780 av. J.C. environ], les pyramides sont de médiocres et éphémères architectures tant par leur taille que par leurs matériaux de construction !

De plus, ces pyramides de *type humain* abritent des textes funéraires gravés, censés aider à la résurrection du roi ; les membres de sa famille ont eu droit également à ce genre de pyramide. La pyramide réduite [pyramidion] surmontant la chapelle de certaines sépultures non royales sont parfois signalées. Les pyramides de type humain qui recouvrent ou contiennent un caveau et différentes salles sont souvent décorées. Elles font partie d'un ensemble qui regroupe des installations pour le culte et les sépultures des reines et des nobles.

a - Statues

Dans l'ancienne Egypte, les sphinx sont des statues qui ont l'aspect d'un lion [à l'origine sculptée par le vent et l'érosion] à tête humaine ornée d'un couvre-chef [*coiffure*] qui sera adopté par la suite par la caste des pharaons. La plus fameuse de ces figures connues actuellement reste le grand *Sphinx de Guizèh*, près de la pyramide dite de *Khephren*. Datant selon les égyptologues d'avant 2500 av. J.C., le Sphinx mesure environ 20 mètres de haut et 53 mètres de long. Le plateau de Guizèh renferme ou renfermait sans aucun doute beaucoup plus de *Sphinx* que l'on suppose. Les statuaires jinniens ne se sont sûrement pas contentés de sculpter une statue isolée. Le Sphinx apparaît selon les mêmes modalités que les monuments qui le côtoient. Aucune information n'est divulguée quant à sa conception, à sa fabrication et à sa fonction.

b - « Plateaux larges tels des bassins et solidement étayés comme un récipient… »

Le terme « *plateau* » désigne une terminologie géologique, *une étendue de pays plate dont l'altitude est supérieure aux environs*. Il ne s'agit aucunement d'ustensiles de cuisine [plateau, marmite, chaudron, etc.] indispensables à un éventuel repas gargantuesque.

Une forme de relief présentant de larges étendues planes où le réseau hydrographique est enfoncé se nomme un *plateau*. Un plateau peut être aussi une forme de relief peu disséquée par les vallées et située en altitude par rapport au fond de ces vallées ou à des terres périphériques plus basses.

La valeur des dénivellations entre les *talwegs* [creux des vallées] et le sommet des interfluves [relief séparant deux vallées] permet de différencier plusieurs sortes de plateaux : dans les bas plateaux, la dénivellation s'étale de quelques dizaines de mètres à une centaine de mètres. Dans les hauts plateaux, elle atteint plusieurs centaines de mètres. Enfin, dans les très hauts plateaux [Tibet], elle dépasse 1000 mètres.

- *Géomorphologie*

La définition morphologique des plateaux découle de la nature et de l'origine de leur surface plane. Il existe des plateaux d'accumulation, dont la surface correspond au sommet d'une formation sablonneuse [Thèbes, Guizèh, etc.].

La plupart des autres types de plateaux sont inscrits dans des roches cohérentes. On dénomme *plateaux structuraux* ceux dont la surface sommitale concorde avec le plan stratigraphique supérieur d'une couche dure [basalte, grès, calcaire, etc.] ; leur pente résulte alors de la pente de la couche [pendage] ou de son inclinaison [*trapps* basaltiques de l'Inde, par exemple].

Lorsqu'il est question de plateaux d'érosion, les interfluves plans concordent avec une surface d'aplanissement tronquant toutes les strates sédimentaires quels que soient leurs pendages ou les roches cristallines qu'elles soient plutoniques ou métamorphiques. En général, les plateaux dans les massifs anciens [Bouclier canadien, par exemple] sont des plateaux d'érosion. Les plateaux structuraux s'observent dans les bassins sédimentaires et certaines régions volcaniques.

Moins de 10% du territoire égyptien est peuplé et cultivé : la vallée et le delta du Nil, auxquels s'ajoutent les oasis occidentales. Le reste du pays est composé de zones désertiques. A l'Ouest s'étale, sur les deux tiers du pays, le désert libyque, prolongeant le Sahara. Constitué de plateaux de faible altitude [Thèbes, Louksor, Edfou, Assouan, etc.] et couvert de dunes de sable hautes de 300 à 400 mètres, le pays serait totalement inhospitalier s'il n'était creusé de dépressions dont la plus profonde [celle de Kattara, au Nord) se situe à 134 mètres au-dessous du niveau de la mer et couvre 18000 km^2. Les sources qui affleurent au fond de ces dépressions, et qu'alimente une nappe souterraine, ont crée des oasis [du Nord au Sud se succèdent celles de Ouadi Natroum, du Fayoum, de Baharieh, de Farafreh, de Sioua, etc.].

Afin de recouvrir les monuments tels que les *pyramides* les Jinn ont recours à un « *revêtement* ». Celui-ci est un matériau de nature rocheuse destiné à enduire une surface pour en modifier l'aspect esthétique, améliorer ses propriétés mécaniques ou augmenter sa résistance à la corrosion, au frottement ou à l'usure. L'objectif préliminaire des Jinn est d'exécuter des travaux comme l'aménagement *« de plateaux larges tels des bassins et solidement étayés comme un récipient ».*

Le revêtement [« *dalle* »] désigne un plateau artificiel qui est un ouvrage rocheux qui a pour objet de consolider ou de soutenir un terrassement et des édifices monumentaux. A Guizèh, ce terme désigne l'épaisse couche rocheuse [granit, calcaire, etc.] qui soutient diverses architectures.

Le désert est constitué de sable, masse meuble de matières minérales inorganisées, finement granuleuses. Le sable est le constituant majeur des sols égyptiens. Les contraintes climatiques [l'aridité, les contrastes thermiques, le vent qui accroît la sécheresse] rendent ces milieux difficiles pour l'éclosion et le développement des êtres vivants.

Une construction quelconque s'avère impossible sur un sol sablonneux constitué de dunes, alors que dire des monuments !

Par contre en creusant des centaines de mètres sous les sables du désert, la constitution géologique du sol fait apparaître un terrain rocheux très dur [granite, feldspath, grès, etc.].

Les Jinn ne prennent pas un endroit au hasard, ils ont la connaissance géomorphologique du milieu dont le déblaiement est indispensable à leur travail de construction !

Dans le désert, le vent creuse des cuvettes par déflation dans les roches meubles ; il vanne les particules fines dans les formations détritiques ne laissant subsister que les *ergs* [étendues de dunes de sable]. Chargé de grains de sable, lorsqu'il souffle, le vent édifie des dunes mobiles [*barkhanes* ou *nebkas*] ou modèle des ergs. Le mouvement d'une masse de sable [*glissement de terrain*] qui est un support dynamique transforme un site qui reste fragile et très instable.

Aucune construction solide d'envergure n'est envisageable sur un tel terrain, à moins de recourir au terrassement afin de créer un plateau artificiel !

Le sol de Guizèh est un *plateau artificiel* qui a été édifié par les entités jinniennes. Géologiquement, ce terrain était jadis constitué du désert environnant formant un paysage étendu d'ergs.

La *roche sédimentaire* est une roche composée de matériaux retravaillés géologiquement, formée par l'accumulation et la consolidation de matières minérales et de particules déposées par l'action de l'eau ou, moins fréquemment, du vent. La plupart des roches sédimentaires sont caractérisées par des lits parallèles ou discordants qui reflètent les variations de la vitesse de sédimentation ou la nature des matériaux déposés.

Les roches sédimentaires sont nommées *exogènes* car elles s'établissent à la surface du globe terrestre [que ce soit à la surface des continents ou au fond des mers et des océans]. En volume, elles ne représentent que 5% de l'ensemble de la croûte terrestre [continentale et océanique]. Par contre, leur extension à la surface de la lithosphère est très importante puisqu'elles couvrent près de 75% des continents.

La différenciation selon le mode de formation des roches sédimentaires permet de distinguer les roches sédimentaires physico-chimiques des roches sédimentaires détritiques. Par exemple, l'argile, le sable et le grès sont des roches sédimentaires courantes d'origine détritique.

Le sédiment le plus commun formé par le vent est une dune, que l'on trouve dans les déserts et sur les rives des océans et des lacs. Les dunes sont constituées par l'accumulation de sable autour de tout objet servant d'obstacle au vent. Lorsque le sable transporté par le vent se dépose à l'abri d'un tel obstacle, le vent est davantage ralenti et la dune continue à s'agrandir.

Le *terrassement* est une activité jinnienne de gros travaux de chantier. Ces travaux, que ce soit pour la construction de pyramides, d'un revêtement ou l'exploitation d'une fondation ou d'une superstructure à ciel ouvert, nécessitent de déplacer des milliers, voire des millions de mètres cube de sable ou de roche. Pour renforcer la résistance du sol, les Jinn prennent en compte sa stabilité mécanique qui la supporte, la portance des différentes couches depuis le fond de forme jusqu'au revêtement et l'intensité du trafic lié à la construction.

Le Jinn est équipé pour le terrassement à très grands débits : creuser le sable, transporter celui-ci, repousser les débris, modeler ou niveler le terrain, par exemple, de Guizèh. Le savoir-faire permettant d'utiliser efficacement les matériaux et les forces de la nature est appliqué par les Jinn. Une architecture complexe et imposante nécessite de la part des Jinn la possession d'une maestria et des connaissances vastes et précises. En effet, la plupart des problèmes techniques étant complexe et étroitement lié demande une étroite collaboration entre Jinn. Il exige une science approfondie en géophysique, en matériaux et leurs caractéristiques, en la conception des structures, etc.

Ainsi, les Jinn localisent et déterminent les modalités d'exploitation des sites. Le relevé topographique et le tracé de *cartes* géologiques fait partie de leur compétence. Dès lors, ils décident si une structure géologique se prête à l'implantation de constructions de grandes dimensions, telles que les pyramides ou autres installations. L'optimisation du transport, de l'organisation du travail et de la production confère aux Jinn une efficacité prodigieuse. Son incidence sur le temps et l'optimisation des processus de fabrication [construction, sculpture, ouvrage quelconque] sont indiscutables. Les Jinn établissent les critères permettant d'obtenir une meilleure adaptation entre un matériel, une fonction et son utilisation.

c - Bassins naviformes

« *Ils [Jinn] exécutaient pour lui [Soūlāymān] ce qu'il voulait : des monuments, des statues, des plateaux larges tels des bassins et solidement étayés comme un récipient...* » *(Coran, 34-13[142])*

Au Nord, au Sud du temple et au côté Nord de l'allée, se présentent trois bassins *naviformes* creusés dans le sol d'une longueur atteignant 50 mètres. Deux autres réservoirs [bassins, cuves], au pied de la face Sud de la pyramide sont découverts en 1954 dont l'un contient une barque désassemblée de bois d'une longueur de 43 mètres.

---

[142] La version de Kasirmiski de la partie qui nous intéresse du verset 34-13 est la suivante : « *Ils exécutaient pour lui toute sorte de travaux, des palais, des statues, des plateaux larges comme des bassins, des chaudrons solidement étayés comme des montagnes....* »

D'après les croyances rapportées par les égyptologues, cette barque sert au Roi défunt comme moyen de transport pour escorter le soleil dans ses voyages diurnes et nocturnes. Le second réservoir, situé à l'extrémité Ouest de la face Sud reste encore enseveli sous les dalles de calcaire aménageant le pavage au pied de la pyramide.

d - Les Jinn édifient le palais de cristal

« *On lui dit* [*à la Reine de Saba*] *: « Entre dans le palais »* … *Alors,* [*Soūlāymān*] *lui dit : « Ceci est un palais pavé de cristal »* …*»* (*Coran, 27-44*)

Le *cristal*[143] est un solide de matière homogène présentant une structure atomique agencée et définie ; il a une conformation extérieure limitée par des surfaces lisses, planes, disposées symétriquement. Les angles, entre faces correspondantes de deux cristaux de la même substance, sont toujours semblables, quelles que soient la taille ou les différences superficielles de forme de ces cristaux.

---

[143] Le *granit*, la *rhyolite* et la *felsite* ne sont pas homogènes et ne peuvent donc pas être composés d'un seul cristal, mais ce sont des roches cristallines. La croissance des cristaux commence quand, après formation d'un minuscule cristal, celui-ci soustrait à son environnement de plus en plus de la substance dont il est composé. Certains éléments et composés peuvent cristalliser dans deux systèmes différents créant des substances qui, bien qu'étant identiques dans leur composition chimique, sont différentes dans pratiquement toutes leurs propriétés physiques [quartz, germanium, silicium, etc.]. Par exemple, le carbone cristallise dans le système cubique pour former le *diamant* et dans le système hexagonal pour former le *graphite*. Bien que le diamant soit dans le même système que le sel et le grenat, sa classe de symétrie est différente. Il cristallise sous forme de tétraèdre [4 faces] ou d'octaèdre [8 faces].

Les mêmes liquides qui solidifient progressivement dans les profondeurs terrestres pour constituer le granit sont parfois propulsés à la surface du globe sous l'aspect de lave volcanique et refroidissent rapidement, formant l'*obsidienne*, de texture vitreuse. Si le refroidissement est légèrement plus lent, il y a formation d'une roche appelée *felsite*, qui est cristalline, mais dont les cristaux sont trop petits pour être distingués à l'œil nu.

Le *quartz*, minéral composé de dioxyde de silicium ou silice, de formule SiO_2. Le quartz est un constituant de nombreuses roches et sous la forme de sédiments purs. Le quartz cristallise dans le système *rhomboédrique*[144]. La taille des cristaux varie entre les spécimens pesant une tonne et les minuscules particules qui étincèlent à la surface des roches.

Le quartz a une dureté de 7 et une densité relative de 2,65. Certains spécimens ont un aspect vitreux, d'autres un aspect laiteux [luisant]. Certaines variétés sont transparentes, d'autres sont translucides. Quand il est pur, le quartz est incolore. *Le quartz possède également la propriété optique de faire osciller la lumière polarisée.*

Les variétés cristallines de quartz à texture pure sont généralement transparentes et brillantes. Le cristal de roche, forme incolore de quartz, existe habituellement dans des cristaux distincts. Les variétés cryptocristallines de quartz sont généralement divisées en deux grandes catégories, le quartz fibreux et le quartz à gros cristaux. Les

---

[144] *Rhomboédrique.* En géométrie, qui a la forme d'un rhomboèdre, d'un parallélépipède dont les faces sont des losanges.

variétés fibreuses, comprenant l'agate, la cornaline, l'héliotrope, l'onyx et la chrysoprase, sont toutes des formes de calcédoine. Les variétés à gros cristaux comprennent le schiste siliceux, le silex, le jaspe et le prase.

Les plus importantes des propriétés optiques sont l'indice de réfraction et la couleur. Les *cristaux de quartz* ont des zones de couleur brillantes qui peuvent être observées à l'intérieur de la pierre.

« …« *Ceci est un palais pavé de cristal* » …» *(Coran, 27-44)*

Le quartz est le matériau le plus prisé en Egypte [fabrication de sceaux]. L'habileté avec laquelle a été édifié le palais est témoignée par l'esthétique de son plancher pavé de cristal.

La beauté du sol du palais érigé par les Jinn dépend dans une large mesure de ses propriétés optiques dont les plus importantes sont l'indice de réfraction, la couleur, l'éclat, la dispersion du composant cristallin du sol. C'est également la possibilité qu'il a de présenter deux couleurs distinctes selon l'angle sous lequel on l'observe et la transparence. Le sol du palais est un matériau naturel disposé de telle manière qu'il reproduit les caractéristiques optiques d'une surface aquatique.

Ainsi, la Reine de Saba a été victime d'une illusion d'optique en prenant le parquet du palais pour un bassin. Le cristal certainement du quartz pur est très convoité en Egypte en raison de son éclat et de la lumière.

Cette propriété optique du cristal est bien connue des Jinn qui savent la caractéristique du cristal [*quartz*], son indice de réfraction, qui est sa capacité relative à réfracter la lumière. Ils aménagent le sol du palais d'une manière uniforme et précise. L'ouvrage jinnien sous-entend une importante extraction de quartz, une technique et un moyen contrôlé de découpe très sophistiqués pour un matériau d'une dureté extrême ; un art de revêtement du sol et une finition inimaginable de telle sorte qu'il se confond avec l'eau !

Le façonnage et le polissage du cristal pour mettre en valeur sa beauté et sa future fonction sont exécutés par les entités jinniennes. Ce type d'ouvrage exige nécessite beaucoup d'habileté. Les étapes de la taille des cristaux sont inconnues mais les Jinn les maîtrisent. Quoi qu'il en soit, ces derniers contrôlent la matière qu'ils travaillent en lui donnant la forme requise et atteindre ainsi un niveau artistique inégalé.

- *Dureté du matériau*

C'est l'aptitude d'une substance solide à résister à une déformation ou à une abrasion de surface.

En minéralogie, la dureté se détermine par la capacité pour une surface minérale tendre à résister aux rayures. Une surface molle se raye plus aisément qu'une surface dure. Ainsi, un minéral dur, tel que le quartz peut rayer un minéral tendre tel que le graphite, et le minéral dur ne sera pas rayé par le minéral tendre. La dureté relative des minéraux est caractérisée par l'*échelle de dureté de Mohs*.

Dans l'échelle de Mohs, dix minéraux communs se classent par ordre croissant de dureté, auxquels un chiffre est attribué : 1 pour le *talc* ; 2 pour le *gypse* ; 3 pour la *calcite* ; 4 pour la *fluorine* ; 5 pour l'*apatite* ; 6 pour l'*orthoclase* [*feldspath*] ; 7 pour le *quartz* ; 8 pour la *topaze* ; 9 pour le *corindon* ; 10 pour le *diamant*. La dureté d'un échantillon minéral s'acquiert en déterminant quel minéral de l'échelle de *Mohs* est capable de le rayer. La dureté d'un minéral détermine sa résistance.

La dureté est liée à la force, à la résistance et à la solidité des substances solides, et, dans l'usage ordinaire, le terme comprend l'ensemble de ces propriétés.

Suivant leurs courants stylistiques, les Jinn élèvent un palais pavé de cristal destiné à accueillir la Reine de Saba. Cette œuvre détermine une architecture opérationnelle, c'est à dire une construction confortable, dans un délai des plus brefs. Ce vaste édifice construit à partir d'un des matériaux les plus durs de la planète est savamment construit pour répondre à un souci de prestige !

Conclusion

Les *Jinn* sont des entités extraordinaires et terrifiantes à maints égards. En comparaison, l'Homme est une créature tellement fragile, puérile et si insignifiante qu'Allah veille constamment sur lui.

Innombrables sont les monuments que les Jinn érigent. Par exemple, les pyramides copiant le prototype égyptien existent à travers le monde [pyramide de Teotihuacan, d'El Castillo, au Mexique, etc.].

Les pyramides, faisant abstraction de leur imposante présence, ont d'autres intérêts, cette fois-ci beaucoup plus spirituelle. Les membres des croyances occultes, des sociétés secrètes, les adeptes des doctrines et des philosophies à tendance ésotérique accomplissent discrètement depuis des millénaires le pèlerinage au plateau de Guizèh, ce lieu sacro-saint, en signe de dévotion.

Les *spécialistes* et les historiens judéo-chrétiens des religions analysent le *Jinn* comme un esprit ou démon inférieur à un ange dans le folklore et la mythologie de l'Islam.

Les paramètres qu'utilisent, par exemple, la Physique et la Biologie pour appréhender l'univers humain ne peuvent s'appliquer aux entités jinniennes. Les connaissances scientifiques telles que nous les connaissons actuellement [mathématiques, physique, géologie, etc.] n'existaient pas à l'époque des pyramides ! Il est certain que *ceux* qui ont construit les pyramides disposaient d'autres ressources que nous nommons *scientifiques* ou *technologiques* !

Aucun renseignement, aucune représentation, ni aucun texte égyptien n'existent sur l'édification des pyramides, sur ses motivations, sa durée et ses modalités !

Allah enseigne à l'Homme par l'intermédiaire du *Coran* que celui-ci n'est pas la seule créature intelligente sur Terre et dans les Univers. Allah donne des informations sur ces êtres redoutables dont l'idée même dépasse notre entendement. Ces entités sont capables de telles prouesses techniques et cognitives que l'Homme préfère les reléguer au rang de créatures folkloriques ou mythologiques.

Index alphabétique

A

Abou Simbel, 33
Abousir, 94
Aboussir, 47
Abrasion de surface, 191
Abydos, 28, 39
Acier, 36
Afrique du Nord, 118
Agnostiques, 113
Ahriman, 127
Allah, 141
Allah décrit le Jinn, 132
Allah et l'Ordre, 153
Âme, 22
Âme (Ba), 51
Amenophis IV, 32
Amérique du Sud, 60
Amménémès, 31
Amon, 31, 36
Amosis Ier, 31
Amrah, 28
Ancien Empire, 29, 45
Anges, 127
Animisme, 56, 125
Anthropomorphique, 54
Antiochos IV, 34
Antiscientifique culture, 152
Anubis, 47
Architecte, 147
Architecte de l'Univers, 148
Architectes Jinn, 165
Architecture, 38, 78
Architecture jinnienne, 166
Architecture moderne, 147
Asie Mineure, 47
Asmodée, 129
Associations secrètes, 113
Assouan, 183
Astrologie, 66
Athéisme, 146
Atlantes, 96
Atmosphère, 142

B

Badari, 28
Bahr al-Djebel, 21
Bâl, 128
Bandelettes, 65
Basse Egypte, 24
Bassins naviformes, 187
Belzébuth, 125, 129
Bloc sa masse, 93
Blocs de pierre, 92, 100, 105
Bois, 103
Bouddhisme, 125
Brahmanisme, 125

C

Cagliostro A., 119
Calcium, 138
Cambise, 33
Caracalla, 34

Carbonate de sodium, 65
Chaldéens, 73
Chambre de la Reine, 86
Chambres de décharge, 95
Charges dynamiques, 162
Charmes, 55
Chéops, 37
Chronologie de l'Egypte, 25
Clergé égyptien, 54
Coca, 61
Cocaïne, 60
Colombie, 60
Communautés religieuses mystiques, 112
Complexe funéraire, 94
Conduit céleste, 88
Constructions égyptiennes, 145
Coran, 131
Cosmogonie, 145
Cosmo-tellurique, 118
Couloir céleste, 88
Couloir descendant, 86
Coupe de la Pyramide, 91
Cristal, 188
Croisades, 120
Croyance antique, 150
Cuivre, 102
Culte des ancêtres, 126
Culture mythologique, 152

D

Dashour, 40
Découverte de cocaïne, 63
Déformation, 191
Défunt, 56
Delta, 31
Demeure d'éternité, 77, 180
Démiurge inférieur, 125, 148
Démon, 111, 125
Démonologie, 130
Déplacement aérien, 178
Diable, 111, 125
Dieux-humains, 66
Divination, 71
Djeser, 38
Djezer, 38
Doctrines occultes, 111, 125
Dureté minérale, 191
Dynasties thinites, 29

E

Ecoles de scribes, 47
Edfou, 183
Edifice de l'Antiquité, 147
Edifice jinnien, 168
Egypte, 19
Egypte ancienne, 119
Egypte des Pharaons, 27
Egyptologue, 27
Egyptologues, 23
Elévation du monument, 104
Embaumement, 59
Empire romain, 35
Entités invisibles et Islâm, 130
Entités invisibles et Judéo-christianisme, 126
Esclavage, 153
Esprits, 111
Esséniens, 128
Etalon de Mesure, 96
Exorcisme, 125
Extra-terrestres, 96

F

Felsite, 189
Fès, 118
Franc-maçonnerie, 113
Franc-maçonnerie influence, 117
Frères illuminés de la Rose-Croix, 118

G

Géants, 96
Génie civile, 78
Géomorphologie, 182
Grand Maître, 115
Grand Orient, 115
Grand Orient de France, 115
Grand Prêtre, 44
Grand Prêtre d'Amon, 65
Grand Prêtre d'Héliopolis, 47
Grande Loge d'Angleterre, 114
Grande Pyramide, 112, 122
Grande Pyramide (coupe), 85
Grande Pyramide de Kheops, 94
Granit, 165
Graphite, 191
Guérisseurs, 73
Guerzéens, 28
Guizèh, 80

H

Haute Egypte, 24
Haute-Égypte, 28
Hemiounou, 102
Heritor, 33
Hermétiques croyances, 55
Herses de granit, 86
Hiéraconpolis, 28
Hiéroglyphique, 101
Hindouisme, 125
Hisser les blocs, 92
Histoire de l'Egypte Antique, 27
Histoire Orthodoxe, 146
Horoscopes, 72
Horus, 29, 36
Hyksos, 31

I

Iblis, 133
Iconographique, 101
Idolâtrie, 58
Ifrît, 135, 141, 168
Ignorance, 66, 150
Imhotep, 38, 46, 171
Imhotep révolutionne l'architecture, 47
Immortalité, 30, 64
Incantations, 55
Incarnation, 45
Ingénierie, 147
Inhumation, 59
Islâm, 67, 125, 145
Islâm et Science, 153

J

Jinn, 72, 130, 133
Jinn bâtisseurs, 159
Jinn constitution, 132
Jinn dans le ciel, 142
Jinn esthétique, 192
Jinn et Allâh, 156

Jinn et châtiments, 158
Jinn et plateau de Guizèh, 155
Jinn et sites, 187
Jinn géotechniciens, 164
Jinn imperceptibilité des, 133
Jinn observe du ciel, 142
Jinn se déplace, 141
Jinn travaille pour Soulaymân, 156
Jinnien travail, 157
Jinnienne conception, 70
Jinnienne construction, 161
Jinniennes techniques, 159
Judéo-christianisme, 125

K

Ka, 48, 58
Ka (âme-esprit), 43
Kaa'ba, 170
Kabbale, 71, 119
Karnak, 33, 107, 173
Kheops, 29, 37, 49, 52, 80, 82, 84, 170, 174
Khephren, 29, 37, 80, 84, 174

L

Limon, 23
Livre des Morts, 51
Louksor, 33, 183
Louxor, 107
Lucifer, 125, 129

M

Magiques croyances, 55
Manethon, 27

Marbre, 165
Masses rocheuses, 85
Mathématiques connaissances, 173
Mayas d'Amérique centrale, 73
Mensuration de la Pyramide de Kheops, 92
Mentouthotep Ier, 31
Mer Rouge, 20
Mésopotamie, 100
Mexique, 60, 171, 172
Minéralogie, 191
Mohs échelle de, 192
Momification, 59
monothéiste, 54
Mort, 74
Moyen Empire, 107
Musée National Egyptien, 60
Muséum d'Histoire Naturelle, 61
Mykérinos, 29, 80, 170, 174
Mystères, 69
Mystères osiriens, 52
Mythes, 68
Mythologie, 66, 149

N

Narmer, 35
Nature du sol, 163
Nécropoles, 28
Nerfs rachidiens, 138
Nestorius, 35
Neurophysiologie, 135
Névrotique monde, 69
Nil, 20, 107
Nouvel Empire, 27, 32, 33

Nubie, 21

O

Occultisme, 71
Occultistes, 48
Oeil d'Horus, 96
Offrandes aux prêtres, 43
Ohrmuzd, 127
Or métal, 172
Ordre des Chevaliers Teutoniques, 121
Ordre du Temple, 120, 121
Orion constellation, 88
Osiris, 30
outils de cuivre, 95

P

Palenque, 171
Péninsule arabique, 54
Perception extrasensorielle, 74
Pérou, 60
Perse, 100
Pharaon, 24, 29, 44, 48
Pharaons, 59
Pierre utilisation, 170
Plateau artificiel, 185
Plateau de Guizèh, 88
Plateau de Guizèh construction, 164
Plateau définition, 181
Potentiel d'Action, 139
Prêtres de l'Egypte, 43
Prêtres hery-heb, 57
Ptah, 46, 57
Ptolémée, 33
Pyramide, 40
Pyramide de Djezer, 171
Pyramide de Kheops, 82
Pyramide de l'Amérique, 171
Pyramide du Soleil, 171
Pyramide entrée, 85
Pyramide étymologie, 57
Pyramide invention de, 165
Pyramide polyèdre, 77
Pyramides, 23
Pyramides annexes, 90
Pyramides construction, 78
Pyramides de Guizèh disposition, 174
Pyramides fin des, 107
Pyramides leurs charges, 162
Pyramides plateau Guizèh, 168
Pyramides tombeaux, 78
Pyramidion, 180

Q

Qour'ân, 177
Qour'ân (Coran), 131
Quartz, 165, 189

R

Râ, 30, 36, 44, 52, 53, 56, 146, 171
Radiesthésistes, 48
Ramses II, 33, 61
Rationalisme, 146
Rê (Râ), 30
Reine de Saba, 135, 190
Religion de l'Egypte, 53
Renaissance, 148
Revêtement, 183
Roches sédimentaires, 185
Rocheux terrains, 184

Rose-Croix, 119, 120
Rosenkreutz C., 118

S

Sable extrait, 162
Sahara, 19, 23
Saqqarah, 28, 39, 77
Satan, 125, 127
Science, 149
Scribes, 177
Sédiment, 186
Sésostris, 31
Shayâtîn, 112
Shaytan, 127
Signal électrique, 137
Snefrou, 29, 45
Snéfrou, 174
Sociétés judéo-chrétiennes, 68
Soleil, 72
Soulaymân, 141
Sphinx, 80, 181
Sphinx de Guizèh, 181
Superstitions, 66
Surnaturelles, 73

T

Tabac, 60

Talwegs, 182
Tanis, 33
Temple de Louxor., 108
Temple funéraire, 90, 94
Templiers, 121
Teocalli mexicains, 171
Terrassement, 186
Textes des Pyramides, 36, 51
Thaumaturgie, 70
Thèbes, 32, 183
Théories diverses, 92
Théories sur Pyramides, 79
Thôt, 49
Tombeau, 29
Touthmosis III, 32
Toxicologie, 62
Trône, 135
Trône de reine de Saba, 141

V

Vitesse de conduction, 140

Z

Ziggourats, 100
Zohar, 71

Table des matières

Introduction

I - L'Egypte antique
   A - Géographie de l'Egypte...19
      1 - Relief et hydrographie 19
      2 - Climat..20
      3 - Le Nil...21
         a - L'entretien du mystère 22
         b - La Vie près du Nil..23
      Chronologie évènementielle de l'Egypte antique selon les
      spécialistes 25
   B - Histoire de l'Egypte selon les spécialistes 27
      1 - L'Egypte des pharaons...27
      2 - L'Ancien Empire [IIIe-VIe dynastie]...29
      3 - Le Moyen Empire [XIe-XIVe dynastie] 31
      4 - Le Nouvel Empire [XVIIIe-XXe dynastie]..................................32
      5 - La Basse Epoque 33
      6 - Société pharaonique..35
         a - Quelques précisions 37
      7 - L'architecture 38

II - Hauts personnages
   A - Clergé...43
   B - Royauté..44
   C - Imhotep..46

III - La religion égyptienne
   A - Le Livre des Morts 51
      Panthéon égyptien..52
   B - Animisme 56
   C - Iconothéisme..58
   D - Momification...59
      1 - Momie, cérémonies, cocaïne et tabac..61
   E - Magie, sortilège, maléfice, ensorcellement… 65
      1 - Glose ou dialectique surnaturelle...66

2 - L'inconscient collectif 66
3 - L'art d'interpréter l'invisible 72
4 - Attributs divins..73

IV - Les Pyramides
  A - Quelques notions 77
  B - Les pyramides de Guizèh...80
    1 - Guizèh 80
      Fiche technique des pyramides du plateau de Guizèh.....81
    2 - Pyramide de Kheops..82
      a - Construction de l'édifice....................................82
      b - Le Pharaon Kheops 84
      c - L'édifice..84
        · Coupe de la pyramide de Kheops...................85
        · Entrée...85
        · Couloir descendant..85
        · Couloir ascensionnel......................................86
        · Chambre de la Reine 86
        · Grande galerie - salle des herses 86
        · Chambres de décharge 87
        · Conduits « célestes [astraux] » 88
        · Chambre « inachevée » 89
        · Couloir horizontal..89
        · Puits 89
        · Chambre du « Roi ».......................................89
      d - Monuments auxiliaires.......................................90
        · Temple funéraire...90
        · Pyramides annexes 90
        · Bassins naviformes...90
    Schéma - Coupe de la pyramide de Kheops 91
    Mensuration de la pyramide de Kheops................................92
    3 - Diverses théories 92
      a - Questions embarrassantes...................................94
        Cocktail d'hypothèses...96
        ° Construction 97
        ° Mythe de l'Atlantide 99
        ° Les Extraterrestres...99
        ° Spéculations diverses 100
        · Existence d'autres pyramides.........................100

b - Procédure de construction de la pyramide de Kheops ... 100
Fiche technique de la grande pyramide 101
C - La fin des pyramides 107
1 - Temple de Louxor 107
Quelques sites de vestiges monumentaux 109

V - Les Pyramides : haut lieu de pèlerinage occulte
A - Sectes, ordres, confréries, sociétés secrètes, organisations… liés à la Grande Pyramide 112
1 - Franc-maçonnerie 113
Activités de la Franc-maçonnerie 117
Grande Loge Unie d'Angleterre [Rite d' York, Rite écossais, etc.] 117
Grand Orient de France [Grande Loge Féminine de France, etc.] 117
Rose-Croix 117
2 - Rose-Croix 117
3 - L'Ordre du Temple ou Templiers 120
4 - Ordre des Chevaliers Teutoniques 121

VI - Les entités invisibles
A - Conception judéo-chrétienne sur les entités invisibles 125
1 - Démon 126
2 - Satan ou Diable 127
3 - Lucifer 129
4 - Belzébuth 129
B - Conception islamique sur l'Univers de l'Invisible 130
1 - Les Jinn 130
a - Constitution des Jinn 132
b - Aptitudes des Jinn 133
c - Déplacement du Jinn 134
d - Analyse neurophysiologique 135
Fibres nerveuses 137
e - Soūlāymān et le potentiel d'action 139
Estimation de la vitesse des Ifrit 140
f - Déplacement aérien des Jinn 142

VII - Architecture des citées antiques
A - Quelques définitions 147
B - Le mythe des sciences antiques 149

C - La pensée anti-scientifique..151
D - La science au service des progrès humains 152

VIII - Les Jinn construisent pour Soūlāymān

Le plateau de Guizèh 155
   A - Fondations..163
   B - Nature du sol..163
   C - Les Jinn, auteurs des pyramides 168
      1 - La pierre : usage ancestral 170
      2 - Egypte - Amérique, point commun : les Jinn........................171
      3 - Impossibilité humaine de construire des édifices
      monumentaux...173
      4 - Pyramides dénommées de Kheops, Khephren et Mykérinos
     174
      5 - Durée de la construction des Pyramides 176
      Plateau artificiel de Guizèh 179
      Alignement des pyramides du plateau de Guizèh......................179
      Vue satellite...179
      6 - Monuments jinniens 180
         a - Statues 181
         b - « Plateaux larges tels des bassins et solidement étayés
         comme un récipient… »..181
            ·   Géomorphologie...182
         c - Bassins naviformes...187
         d - Les Jinn édifient le palais de cristal.....................................188
            ·   Dureté du matériau 191

Conclusion

Index alphabétique

Table des matières

© 2015, Boutammina, Nas E.
Edition : Books on Demand, 12-14 rond-point des Champs Elysées, 75008 Paris
Impression : Books on Demand GmbH, Allemagne
ISBN : 9782322040087
Dépôt légal : septembre 2015

www.ingramcontent.com/pod-product-compliance
Lightning Source LLC
Chambersburg PA
CBHW020645220526
45464CB00001B/300